胡氏祠堂 - 绩溪

屋顶

屋架

柱、柱基

建筑整体

结构体

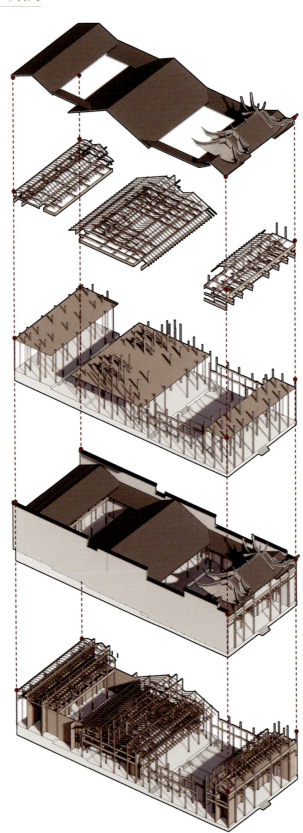

大邦伯祠 - 歙县

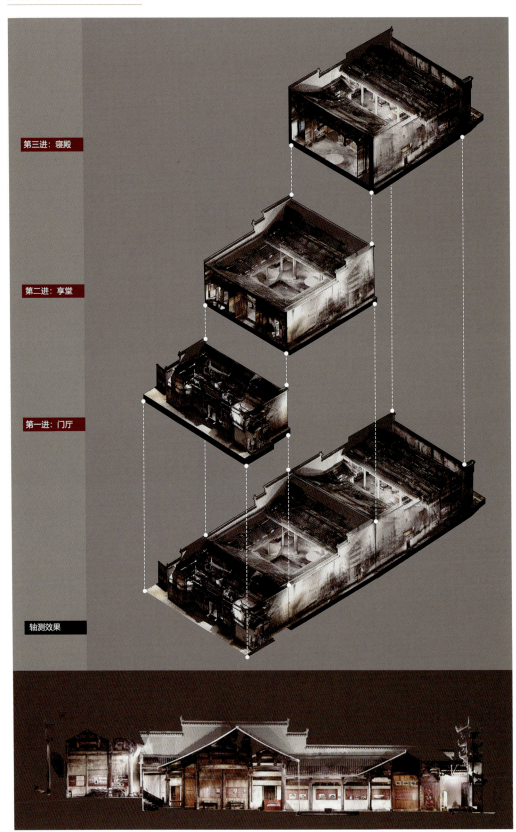

第三进：寝殿

第二进：享堂

第一进：门厅

轴测效果

汪氏祠堂 - 黟县

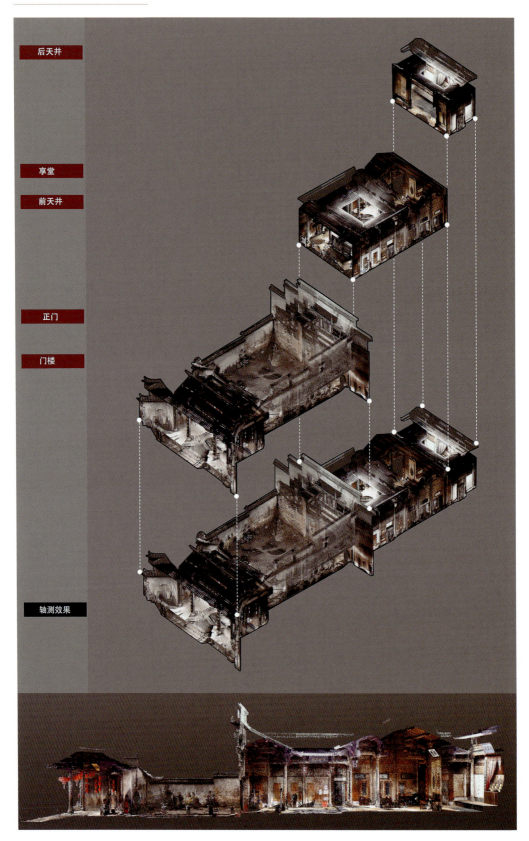

后天井

享堂

前天井

正门

门楼

轴测效果

贞一堂 - 祁门

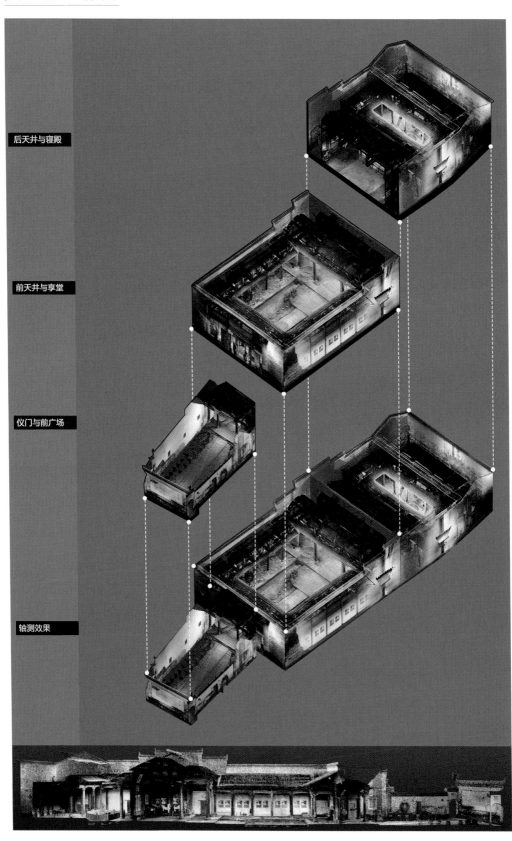

进士第 - 休宁

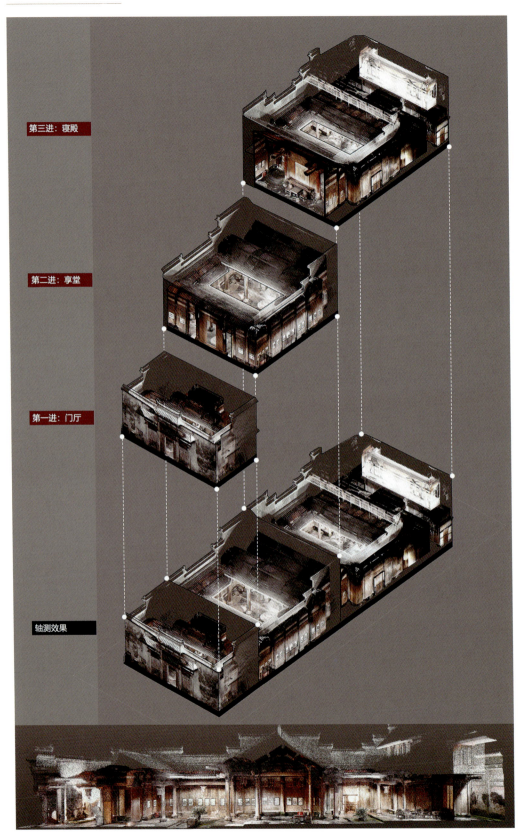

第三进：寝殿

第二进：享堂

第一进：门厅

轴测效果

俞氏祠堂 - 婺源

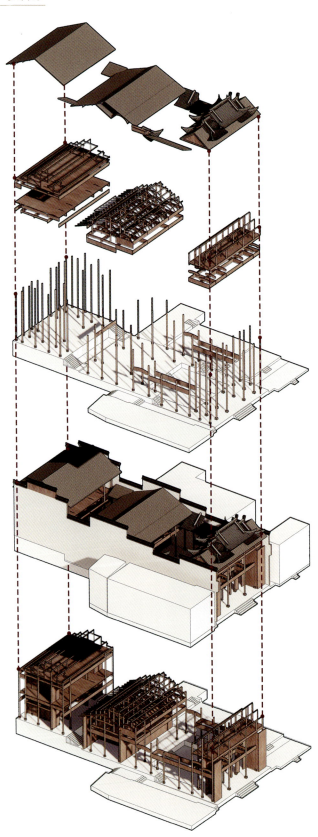

屋顶

屋架

柱、柱基

建筑整体

结构体

王薇 潘璐冉——著

中国建筑工业出版社

图书在版编目（CIP）数据

徽州祠堂 / 王薇，潘璐冉著. -- 北京：中国建筑工业出版社，2024.12. -- ISBN 978-7-112-30529-2

I. TU-092.2

中国国家版本馆CIP数据核字第2024HY7485号

本书基于对传统建筑文脉的追溯与传承，立足于徽州地区宗祠建筑，以传统绿色营建智慧为切入点，挖掘徽州传统村落的规划理念，从地域文化、规划选址、建筑特征三个方面对徽州地区宗祠建筑规划选址及地域特征进行了详细的信息梳理与案例分析。并在此基础上，凝练徽州古建筑的绿色营建方法与技术，对徽州古建筑的外部环境、建筑空间、建筑构造和建筑材料四个方面逐一分析，运用计算机模拟和实测研究分析其蕴含的气候适应性绿色营建技艺，总结适应本土自然资源的生态绿色营建智慧，以期实现对地域文化本源的继承，探索绿色建筑设计在地适应性。

本书可作为高等院校建筑类、艺术类专业师生的教学研习资料，亦可为古建筑保护工作者、非遗文化爱好者、建筑师等提供专业参考与创作启迪。

责任编辑：吴宇江　陈夕涛
责任校对：张惠雯

徽州祠堂

王　薇　潘璐冉　著

*

中国建筑工业出版社出版、发行（北京海淀三里河路9号）
各地新华书店、建筑书店经销
华之逸品书装设计制版
河北鹏润印刷有限公司印刷

*

开本：787毫米×1092毫米　1/16　印张：8¼　插页：7　字数：111千字
2025年4月第一版　　2025年4月第一次印刷
定价：**58.00元**
ISBN 978-7-112-30529-2
（43945）

版权所有　翻印必究
如有内容及印装质量问题，请与本社读者服务中心联系
电话：（010）58337283　QQ：2885381756
（地址：北京海淀三里河路9号中国建筑工业出版社604室　邮政编码：100037）

前言

徽州文化底蕴深厚，魅力独特，在中国传统地域文化中独树一帜，历经千载依旧璀璨夺目。作为中华传统建筑的文化瑰宝和杰出代表，徽州传统村落与古建筑在中国建筑史中占据着举足轻重的地位。其不仅是人类古老文明的见证，更是人与自然相结合的光辉典范，被誉为徽州文化的"活化石"。因此，深入挖掘、传承和活化徽州文化，开展徽州传统村落与古建筑数字化保护，构建适应本土自然资源的绿色生态体系，营造独具特色的人居环境，已成为新时代赋予我们的重要历史使命。

徽州古建筑的主要类型有民居、祠堂、书院及戏台等。其中，作为宗族文化和地域人文重要载体的祠堂，历来是举办家族祭祀、议事等公共活动的核心场所。它不仅是宗族权威的象征，更是凝聚一个家族情感与认同的重要纽带，具有极高的研究与传承价值。自明代起，民间出于对祖先的深切追思与对神明的虔诚敬畏，逐渐兴起营建祠堂之风。至明清时期，祠堂的建设与发展步入鼎盛，成为徽州文化最具特色的代表之一。

本书以传统建筑文脉的追溯与传承为出发点，立足徽州地区，选取古徽州"一府六县"中32座保存较为完好且极具地方特色的祠堂建筑，深入挖掘徽州传统村落的规划理念。通过对徽州古建筑外部环境、建筑空间、建筑构造和建筑材料四个方面的系统研究，在兼顾宏观与微观、外部环境与内部结构的基础上，融合建筑文化、地域特色、气候特征、绿色技术等综合要素，凝练徽州古建筑的绿色营建理念、方法与技术，让本土文脉得以高效且与时俱进地延续，也为当代绿色建筑的发展提供新的研究思路。

在绿色建筑高质量发展的时代，伴随着对建筑高技术的偏执，城市独有的地域文脉特性在追求技术创新的过程中逐渐丢失。继 2020 年出版《徽州古戏台建筑艺术》一书后，课题组积极响应"文化自信""乡村振兴"等国家重大战略需求，以"推动优秀传统文化创造性转化、创新性发展"为目标，以文化传承与绿色低碳技术为研究切入点，持续深耕徽州传统村落与古建筑领域研究。进一步完善了研究类型，新增了徽州祠堂、徽州书院等多样化的徽州建筑类型；丰富了研究尺度，将新安江流域徽州传统村落、长江流域传统街区等多元文化载体纳入研究范畴；拓展了研究内容，深入探讨村落的特色风貌环境品质、街巷与建筑的修复与立面提升；研究方法上，综合应用了数字化采集、空间信息建模、深度学习分析辨识等前沿技术，提出在当代设计、营建、运营过程中融入传统文化思维、融入文脉要素，形成适合当代的、具有中国特色的绿色建筑营建技术与方法，全面提升建筑环境的绿色低碳综合效能。

依托安徽省哲学社会科学规划重点项目"徽州传统村落特色风貌环境品质更新策略研究（AHSKD2023D020）"，先后有十余名研究生参与到课题组的研究中。为应对数字化技术赋能传统建筑保护的需求，后期又组织同学们对典型祠堂重新利用数字化技术采集数据并精细化建模。在此，谨向所有参与者表示最衷心的感谢。同时，特别感谢相关单位和部门在测绘、技术图纸收集等方面给予的大力协助，马紫薇和夏宇轩两位同学在本书校稿中投入的宝贵精力，中国建筑工业出版社吴宇江、陈夕涛两位责任编辑对本书出版给予的大力支持，在全体师生坚持不懈的努力和各界朋友的鼎力支持下，本书得以顺利出版。书中研究成果旨在助力传统村落与古建筑在保护中发展，推动其在传承中的创新利用，进而在新时代焕发出新的活力。

2025 年 3 月

合肥翡翠湖

目录

前言

上篇　徽州祠堂建筑形制

1　徽州地域文化 …………………………………… **002**
　1.1　徽州地域文化与地理风貌 ……………………… 002
　1.2　徽州地域文化与中原移民 ……………………… 004
　1.3　徽州地域文化与徽商崛起 ……………………… 007
　1.4　徽州地域文化与忠孝礼教 ……………………… 009
　1.5　徽州地域文化与堪舆学说 ……………………… 011

2　徽州祠堂的现存状况 ……………………………… **014**
　2.1　研究范围 ………………………………………… 014
　2.2　研究对象界定 …………………………………… 015

3　徽州祠堂的规划选址 ……………………………… **023**
　3.1　"中轴核心"的规划选址 ……………………… 024
　3.2　"负阴抱阳"的规划选址 ……………………… 026
　3.3　"阴阳相悖"的规划选址 ……………………… 028
　3.4　"正寝之东"的规划选址 ……………………… 029

4 徽州祠堂的建筑特征 ·· **032**
4.1 以对称递进为主的空间特征 ··············· 032
4.2 以混合结构为主的结构特征 ··············· 034
4.3 以地域木石为主的材料特征 ··············· 036
4.4 以徽雕彩绘为主的装饰特征 ··············· 037

5 徽州祠堂的营建技术 ·· **043**
5.1 外部环境的营建技艺 ··············· 043
5.2 建筑空间的营建技术 ··············· 058
5.3 建筑构造的营建技艺 ··············· 064
5.4 建筑材料的营建技艺 ··············· 077

下篇　徽州祠堂建筑实录

1 胡氏祠堂 - 绩溪 ·· **084**
1.1 文化渊源 ··············· 084
1.2 建筑测绘 ··············· 085
1.3 艺术览胜 ··············· 088

2 大邦伯祠 - 歙县 ·· **090**
2.1 文化渊源 ··············· 090
2.2 建筑测绘 ··············· 090
2.3 艺术览胜 ··············· 095

3 汪氏祠堂 - 黟县 ·· **097**
3.1 文化渊源 ··············· 097
3.2 建筑测绘 ··············· 097
3.3 艺术览胜 ··············· 101

4　贞一堂 - 祁门 ·········· **104**

4.1　文化渊源 ·········· 104
4.2　建筑测绘 ·········· 104
4.3　艺术览胜 ·········· 107

5　进士第 - 休宁 ·········· **109**

5.1　文化渊源 ·········· 109
5.2　建筑测绘 ·········· 109
5.3　艺术览胜 ·········· 113

6　俞氏祠堂 - 婺源 ·········· **115**

6.1　文化渊源 ·········· 115
6.2　建筑测绘 ·········· 115

参考文献 ·········· 119

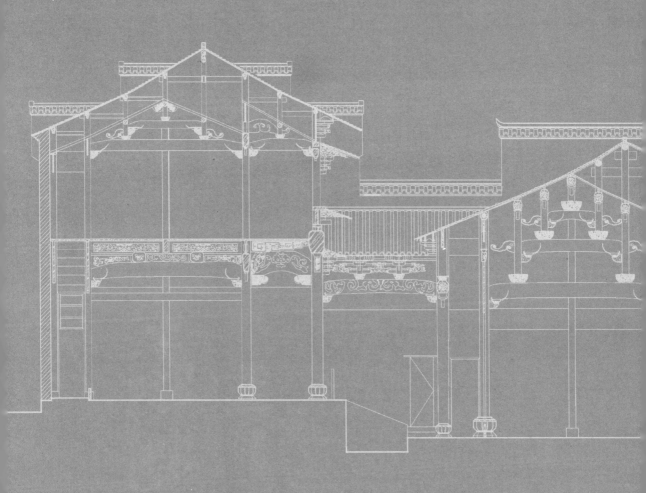

上篇 徽州祠堂建筑形制

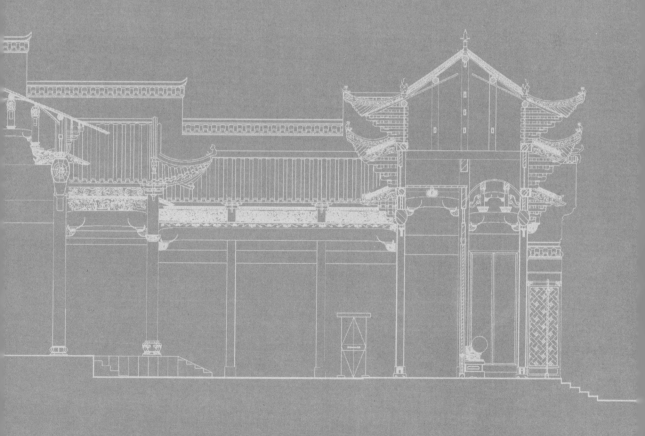

1 徽州地域文化

1.1 徽州地域文化与地理风貌

1.1.1 徽州地区地理风貌特征

地理风貌是徽州地域文化形成的基石，任何地域文化的形成都离不开地形地貌的作用。古徽州所辖地为中国原始江南古陆地带的皖南丘陵山地，在黄山南麓，天目山以北，名山奇秀，屹立不倒，清澈怡人的溪水注入河流，形成山水交映的景观，故有"徽之郡在山岭川古崎岖之中"之说。徽州是中国江南史前文明的发祥地之一，拥有独特的自然地理环境，区域内山体层峦叠嶂，山脉交错间的盆地、平原、高台和缓坡便成为适宜居住的空间，但适合农耕的土地十分有限，农业发展较为困难；徽州水系发达，水网密集，大小川流倾泻于山越之间，汇聚成青弋江和新安江两大河流。

古徽州大致位于地球北纬30°的圈线周围，处亚热带季风气候区，气候温和，四季分明，冬冷夏热，春夏和夏秋之际雨量充沛，常年气候湿润，空气清新。水土肥沃使得山峦间蕴藏着丰富的动植物资源，其中产出的茶、桑、竹、木品质优良，享誉内外。此外，富足的林木资源为建造村落提供充足的材料支持，进一步激发当地木构建造技术和雕刻技艺的发展。

1.1.2 徽州地区传统聚落特征

人们曾用"七山一水一分田，一分道路和庄园"来形容徽州的自然环境和聚落布局，聚落星罗棋布般坐落在山水的制约与启示之中，如图1-1所示。徽州聚落有显著的小区域聚集、大区域分散特征，村落或因水系、交通呈带状聚集，或受地形制约呈团状、点状聚集。建造者们巧夺天工，从顺应自然到充盈自然，创造出众多个性村落。

山地限制与水流汇聚形成的山谷，常被视作集防御、住房、耕作的良好居住地，坐落其中的徽州村落屋宇紧凑，秩序井然，且少占农田。徽州居民的日常生活与水系关系密切，大多村落因水得名，如"屯溪""西溪南""深渡"等，为满足饮水、灌溉、防灾等需求，徽州地区历史上开展了众多"理水""改水"活动，如宏村的改良河道活动、西溪南修筑堤坝防洪蓄水活动等。此外，由于陆路交通不便，河流成为对外交流的重要渠道，便利居民对外交通和贸易往来，因此在中下游地区，沿河一带多形成大规模村落和商业集市。

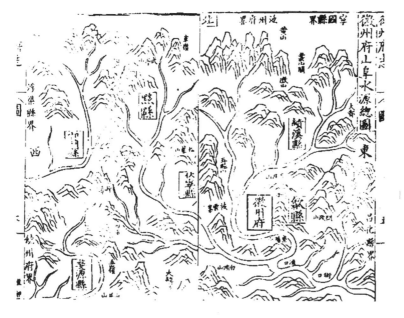

图1-1 徽州府山水总图

（图片来源：马步蟾.（道光）徽州府志[M].中国地方志集成.南京：江苏古籍出版社，1998.）

1.1.3 徽州地区地域文化形成

建筑的形式及文化的形成与生活区域周边的地理环境息息相关,史称徽州"新安大好山水"。徽州地区如诗如画的山水景观吸引了大量文人雅客的到来,"人行明镜中,鸟度屏风里"的景色层叠变换,半隐半现,千变万化的大地景观与胜似桃园的乡野之境交相辉映,优美的景色与文儒墨客审美需求互为响应。据史料记载,汉代以来许多中原学士从各地慕名而来,观赏徽州别样风光[1]。此外,徽州独特的生态资源也潜移默化地影响着当地的艺术审美,孕育出璀璨的徽派文学、徽派美学和徽州戏曲等。

早在南宋淳熙的《新安志》里,徽州就有"山限壤隔,民不染他俗"的说法,其中的"民不染他俗"展现出徽州因地理自然环境而形成的独特民俗[2]。地理环境的限制保障聚落长期稳定的发展,使璀璨的徽文化得以传承,更使得徽州成为我国传统文化遗产保存数量最多、保存较为完整的地区之一。

长期稳定的社会环境和有限的自然资源使徽州地区人地矛盾爆发成为历史的必然,农业发展不足下,商业跃升为第一产业,有着"贾儒"之称的徽商群体开拓古道和航运,传播地域文化,积攒财富与口碑,进一步充实徽文化内涵并提升其历史地位[3]。

1.2 徽州地域文化与中原移民

中原移民是徽州地域文化形成的重要因素,中原移民为徽州地域文化的发展起到了极为重要的推动作用。徽州村落有定居型和移民型两种,定居型村落主要是指因农业的出现而形成的需要定居的村落,但普遍来说,定居型村落很少,村庄主要还是移民型较多，村落的发展总是在移民与定居中来回更替，大量的移民形成定居的村庄，随后人口递增又会萌发新的移民点[4]。

先秦时期，徽州处于山越时代，当时祖先们以农业生产为生。20世纪50年代末，徽州西周时期的墓葬出土了种类繁多的器皿类文物，说明当时的农业和手工业已达到较高水平，出土文物上的图案生动地映射出当时祖先们的娱乐生活与精神追求。与此同时，农业的出现也说明早在先秦时期村落在徽州已经存在，这时期的村落应属于原始定居型村落[4]。

1.2.1 中原移民缘由

随着"永嘉之乱""安史之乱"和"靖康之变"的发生，我国历史上形成了三次大规模的人口南迁。《徽州府志》记载：徽州"东有大鄣山之固，西有浙岭之塞，南有江滩之险，北有黄山之峻"，徽州地处皖南山区，与浙、赣毗邻，北面黄山山脉群立，南面由天目山与率山环绕，一府六县，"万山回环，郡称四塞"，山峦交替之中形成了部分盆地地貌，新安江水系环绕其中，呈现出秀美如画的生态环境。此山峦环绕、崎岖多险的自然风貌特性导致其很难被战乱所波及，所以徽州成为隐避战乱、易守难攻的优质之地，为历史上因祸乱之故自发或被迫南迁的中原人民提供了主要的落脚点；与此同时，皇室贵胄、文臣武将、世家大族等阶层以及普通的中原黎民也纷纷举家南逃至徽州地界。

汉人迁往徽州定居的原因大多分为两种：其一，部分南迁人被徽州地区的连绵山脉、回环水系之景吸引后形成的自发行为，进行了家族搬迁。徽州地区成为文人雅士、世家大族所挚爱的世外桃源，除满足基础生活之外，更是一处令人向往的人间仙境，炊烟袅袅、山清水秀，文人与士大夫钟情于乐游山水，故而徽州成为绝好去处；其二，则是基于常年战乱与暴动而形成的被动行为。徽州因其独特的地形地貌而成为中原人民首选的避难地，随后他们在此安家立命[1]。南迁不仅为蛮荒的徽州之地引进了高效高产的营建与生产技术，还带来了先进的中原地区文化，使徽州社会得以发展，且提高了对教育的重视程度，产生了一大批优秀人才，中原地区的文化在此落地生根，与徽州本土的山越文化相互融合、碰撞，形成极具特色的徽州文化。

1.2.2 中原移民群体

南迁入徽的中原移民不少是中原世家大族，他们有着强烈的宗法观念、严密的宗法组织，有着对稳定生活的生存需求和对家族文化传承的使命感。不论是三次大规模的南迁入徽还是无数次徽州境内迁居，有组织地举族迁移是其重要特点，他们聚族而居，保持着严密完整的宗族组织。徽州地区的人口构成因大量的中原南迁民而产生了变化，中原人和本土人民混合而居，逐渐融为一体，形成了真正的徽州聚落；此后，由于人口的持续增长，村落发展到一定规模趋于饱和，多余的人口被分离出来，随之迁移到另一个地方，形成一个新型结构的村落群体。此类村落的形成与发展犹如细胞分裂，而宗族关系则是分裂过程中十分重要的纽带，将同一家族牵连在一起，形成了一个个以宗族为单位的不同村落。这些村落散落在周边，远近相望，星罗棋布，形成了徽州各世家大族聚落而居的景象。许多迁移过来的满腹诗书的学子，将中原文化引入徽州境内，从而带动众多村落发展，形成了稳定的聚落文化[4]。由于迁居到徽州的中原人民整体素质与文化程度较高，对徽州整体村落的发展有积极作用，因此塑造了不同的古村落，其影响力一直延续到今天。

虽说中原南迁民为徽州大地带来了优秀的文化与先进的技术，但与此同时也增加了徽州土地的人口压力。基于徽州本身的地形特征——山多地少，大量的外来人口迁入很大程度地造成了徽州的人口堆积，人口与土地之间的矛盾应运而生。据史书记载，从南宋开始徽州人均耕地便一直在下降，一直到清朝康熙年间，徽州人均耕地已然变为 1.5 亩 / 人[5]。因此，不甘平庸的徽州人民便走上了弃田从商的道路，励精图治，将徽商发展成闻名天下的商贸团体。

1.3 徽州地域文化与徽商崛起

徽商崛起是徽州地域文化形成的直接影响因素，徽商文化是徽州文化中至关重要的一笔。

1.3.1 徽商发展溯源，政治经济影响

徽商又称新安商人、徽州商人，是一个以乡族关系形成的徽州地区商人群体，明清时期发展成为当时主要的商业资本集团之一。明朝中叶以来，随着商业贸易的发展，国家的税收制度也发生了变化，这种变化推动了商铺经济的发展，这时个人所需的工农业商品越来越多地进入流通市场，成为远距离运输贩卖的重要商品之一。随着商品贩卖的规模逐渐变大，运输路线也逐日增长，城镇便成为买卖货物的中间交易点，由于此类贸易的发展，徽商以不凡的势头庞大起来，且从中得到优厚的收益。徽州人民借河流之便，将各地区的特色商品，例如扬州的盐巴、景德镇的瓷器以及徽州地区盛产的竹、木、茶、漆、纸、墨、砚等分销到国内多地，同时作为中间商将华北及其他地区的优质商品转卖给华东、华中地区，从中赚取差价，由此徽州涌现出许多资金雄厚的徽州大商[6]。

如表1-1所示,徽商经历了起起落落的四个阶段,由兴起、受阻、再兴盛到衰败,徽商在社会环境和经济市场的推动下从零散商人走向鼎盛,形成了徽州重要的地域文化。纵观其发展史,不难看出,徽商的兴盛与衰败都与当时的社会情况及经济状况紧密相关,作为以乡族关系为纽带的群体,其商业地位一部分是在商业贸易中依靠封建政治势力发展起来的,按常理逻辑来看,徽商势力的消长也成为一种必然现象。

徽商发展溯源表　　　　　　表1-1

发展阶段	阶段年限	表现特征
前期兴起阶段	成化、弘治之际到万历年间 (1573—1620年)	从商人数骤升
		经营行业增多
		活动范围之广
		财力资源雄厚
中期受阻阶段	明朝万历后期到清朝康熙中叶 (1662—1796年)	遭受封建政权暴敛
		遭受农民起义军打击
		遭受惨烈的明清战争打击
后期兴盛阶段	清朝康熙中叶到嘉庆、道光之际 (1796—1830年)	从商现象普遍
		盐商势力增强
		东西南北贸易均发展壮大
		徽州会馆建立
		徽商结交权贵
末期衰败阶段	清朝道光中叶至清末(近百年) (1830年后)	清廷废法改法,盐商失势败落
		太平天国运动,战争掠夺受损
		进口商品日增,徽商生意大减
		捐厘课税增加,洋商操控市场
		商会逐渐形成,商帮日益瓦解

资料来源:作者自制

1.3.2 徽商崛起，文化昌盛

徽商是中国十大商帮之一，商业壮大后便衣锦还乡，建祠堂、修道路、兴学院、育人才，给家乡带回许多先进的技术和多样的思想文化，推动了地方经济和文化的进步。徽州商人大多从小开始做生意，勤勤恳恳，积少成多，逐渐发展成名商大户[7]。大多徽商都是官、商一体，经营的行业以盐、典当、茶、木最为著名，其中歙县人主要从事盐业，婺源人主要从事茶叶和木料生意，休宁人主要从事典当业，祁门和黟县人主要从事布料和杂货生意。徽商大多以合伙结伴经营为主，其中宗族同乡经营是最多的结伴经营模式。"徽州聚族居，最重宗法"，在经商的同时，徽商十分注重家族乡情。清乾隆年间，徽商马曰琯，家财万贯，乾隆皇帝曾多次接见这位富商。徽州像马曰琯这样富甲一方的徽商在当时不在少数。"富甲乡里""累资数万""富等千户侯，名重素封"等都是史料对徽商的相关描述[7]。

同时，徽商"贾而好儒"，在经商的同时也不忘读书，商文并举，从书本里汲取所需养分，因此徽商无论在文化素养还是个人眼界方面都得到了巨大提升，这也是徽商快速崛起的重要因素之一。徽商不仅勤劳，而且勇于创新，通过自己的努力为宗族增光添彩，对徽州地域文化的最终形成产生了直接的影响。

1.4 徽州地域文化与忠孝礼教

忠孝礼教是徽州地域文化发展的重要推动力之一。徽州是程朱之乡，深受程朱理学影响，是儒学文化传承的重要地区之一。大规模的中原世家大族迁入徽州，使中原文化得以被引入，激发了新安理学的诞生与发展，开始了读经学文的民风，南宋的官员们积极兴建学院，激励学生做学问，又聘任名士讲学，进行各种教育活动，造就了徽州人才辈出之况[8]。徽州人也十分重视教育与思想的培养，据统计，徽州历史上出过29位状元、17位宰相，朱熹、戴震、胡适三人都是对我国学术界影响颇深的重要人物；除此之外，在艺术、经济、医疗、饮食、书画、建筑、设计等领域也是人才济济，优秀者数不胜数[7]。

在徽州地区，朱熹的哲学思想深入人心，不可动摇，独具儒风文化的社会风气造就了徽州地区祠堂建筑的兴盛。徽州地区祠堂建筑修建范围广、数量多、规模大、层次高是朱熹思想的文化产物与载体，也是教化族人尊祖敬宗、遵循法律、勤勉学习的场所。祠堂建筑的发展使古徽州成为一个强调社会血缘结构且极具特色的中国祠堂文化的标本[9]。

众所周知，汉武帝"罢黜百家，独尊儒术"之后，儒家思想便成为中国传统文化的代表和重心。自汉代以来，迁移到徽州地区的中原人民将尊崇孔子、重视读经的文化传统带到了这里，学习儒家思想成为广大学子入朝为官的必经之路[1]。宋元时期，明经胡氏家族曾培育出7位新安理学家，分别为：胡信、胡方平、胡道源、胡继忠、胡一贵、胡秉文、胡墨，他们被称为"七哲名家"。在明清时期，明经胡氏家族曾出现20余位仕宦和封建士大夫[1]。

在明朝和清朝之前的文化进程中，随着体系庞大的中原家族的迁入，徽州地区原生态的山越文化发生了改变，粗犷的生活之态演变成文人雅致之气节[8]。徽州地区因大量中原儒学文理气息的传入，形成了以忠孝礼教为核心价值观的徽州地域文化，自此徽州地区人才辈出，在中国历史上留下了深刻的印记。

1.5 徽州地域文化与堪舆学说

堪舆学说是徽州地域文化形成的重要依据。基于中国传统建筑营建特征，村庄、城镇、宫殿、园林、寺庙、陵墓、道路、桥梁等每个类型建筑的建造，从选址、场地规划，到设计、建设以至于后期运营，几乎都受到堪舆学说的潜在影响[10]。徽州古书、文人墨宝、史料文集等都透露出徽州人民对堪舆学说的深信不疑，清代徽州著名学者赵吉士说："风水之说，徽人尤重之。"俗语道："风水是徽州的好。"自明代起，徽州地区已成为堪舆文化盛行之地。

1.5.1 徽州堪舆派别

从堪舆流派而论，传统堪舆流派大体分为形势派和理气派两个派别，其中形势派包括峦头派、形象派和形法派三个分支。形势派，顾名思义，偏重于地势地貌，三个分支派别互相关联，依照山川地势形态，以外在形象和内在形法判定其堪舆优劣，根据山脉起伏的势头找寻地理五诀，即龙、穴、砂、水、向，这一流派兴盛于唐代江西地区，据称此堪舆学说为杨筠松首创。形势派在徽州发展较快、影响深入的原因，一方面是徽州特殊的地形地貌，另一方面是社会发展进程中徽州百姓对堪舆的依赖与信奉。徽州独有的地形地貌环境是堪舆学说形成的物质基石，而对堪舆理念的尊崇则是其在精神层面发展的保障[11]。

对堪舆学说的信奉不单单是一种心理层面的暗示，更是对生态环境与人之间错综复杂关系的一种诠释。堪舆学作为一种习俗，它的形成需要经历一个长期的发展进程[11]。徽州地区堪舆的基本形式形成不仅取决于地域风貌和生态需求，更取决于徽州人民对山水之美、隐世绝俗生活以及发家致富的美好向往。

1.5.2 徽州堪舆案例

徽州地区对堪舆的实践运用主要体现在选址方面，无论是大尺度的村落，还是小尺度的单体建筑，甚至特殊物件的摆放，都充分展现出堪舆学说的影响。在徽州众多村落中，宏村和呈坎的选址是极具代表性的案例。

宏村的选址和初阶建造都完全契合传统堪舆学说：背枕山脉，面向水流，茫无涯际的地貌形势恰是普遍认知下膏腴之地必备的基础条件。直到明初时期，宏村与徽州地区其他普通村落的生活形态基本相同，仍旧处在生产力低下的阶段，人们主要靠耕种来维持基本生活，村落仍是比较分散的聚居地，正在这时，堪舆学开始进入人们的生活，在忠孝礼教发展繁盛的时候，堪舆学也随之崛起。宏村以汪姓族人为主，族人在考察村落自然环境情况的时候发现，背靠的雷岗山能够抵御北面吹来的寒风，村落前水系湍流，位于两侧，由于自然水源没有得到开发利用，水系无法引入村内，使用不便，致使村落场地空间一直没有很好地利用与发展起来，后依据堪舆学中"牛卧马驰，莺舞凤飞，牛富凤贵"的说法，族人决定挖水池、建祠堂，将宏村西侧的西溪人工引入月沼池内，将宏村的水路重新规划梳理[11]，最终将整个宏村延展成了"牛形"，村落依水而建，不仅增添了宗族福祉，更提高了村落用水率和用水便捷度。

呈坎有着"呈坎双贤里，江南第一村"的美誉，在村落发展的进程中，建造者根据堪舆理论对村落形态进行调整，以形成良好的居住空间，改造精神环境。呈坎村位于新安江下游地区，处山川环抱中的盆地之中，村落整体坐西朝东，符合"负阴抱阳"的选址要求，多条小溪流穿村而过，于上下水口汇聚，满足堪舆学中"得水为上"的理念。呈坎村的命名对应着《易经》中"阴"、"阳"二字，"呈"为平地，"坎"为八卦的西向位，即也体现着村落的位置和朝向。呈坎也曾进行过改水理水活动，曾经穿村的潨川河为南北流向，竖直状的河流形态对村域形势和扩张限制明显，呈坎的先民通过修改河道与多处水坝，将水势改造为S形，对村域呈以环抱之势，"木"水型改"金"水型，即改造为堪舆学上的吉水形态，对应风水中"藏风聚气"之意。

2 徽州祠堂的现存状况

2.1 研究范围

徽州一府六县，即安徽省黄山市的歙县、黟县、休宁县、祁门县和宣城市绩溪县，以及江西省上饶市的婺源县（图2-1）。徽州地区地形多样，山地与盆地交错，是典型的低山丘陵地区，其中包含的主要山脉为黄山，花岗岩山体层峦叠嶂，其平均海拔达到1600m左右。

祁门县、休宁县、绩溪县、黟县等地属盆地，其中黟县柯村盆地极具地域特色。柯村位于黟县的西北部，坐落于山清水秀的清溪河与东坑河交汇的深山盆地，当地有徽州地区最大的油菜花地，与徽派建筑交相辉映，形成一幅美丽的画卷。

徽州地处北亚热带，属于湿润性季风气候，温暖湿润，四

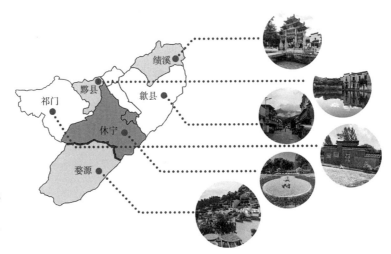

图 2-1 徽州地界区域示意图

（图片来源：作者自制）

季分明，年平均气温为 16℃左右，大部分地区冬无严寒。在中国建筑区划图中，徽州地区归属 IIIB 夏热冬冷地区，即建筑物必须满足夏季隔热、遮阳、通风降温的要求，冬季应兼顾防寒[12]。

2.2 研究对象界定

祠堂建筑是宗族祭祀祖先、议论要事、管理家族和举行各类宗族相关活动的场所，也是族权地位的象征。作为徽州地区传统建筑中极具特色的公共建筑之一，无论场地布局还是建筑地位，祠堂建筑在徽州地区聚落建筑中都处于核心地位。明初，朝廷放宽了对老百姓修建祠堂的限制，使徽州在明清时期出现了修建祠堂的风潮；此外，徽州商人有雄厚的经济基础，修建祠堂成为他们发达后一项十分重要的工作。徽州地区现存最早的祠堂建筑约建于明代弘治时期，清代兴建日益增多，如今黄山市内的徽州古宗祠存在且有记录的约 200 座，祠堂成为每个村落必不可少的建筑。徽州地区强盛的大门大族历来都是聚族而居，祠堂建筑也便成为他们维系宗族关系与传承家族文化的关键纽带。

本书中的祠堂建筑包括祠堂以及其院落内配套的建筑群体，主要包括仪门、享堂、寝堂、戏场等空间，我们共选取徽州地区极具代表性、研究价值较高、保存较完好的祠堂建筑 32 座，对其进行深入调研与研究（表 2-1）。

徽州地区极具代表性高研究价值的祠堂总览　　表 2-1

地区	村落名称	祠堂名称	始建年份	照片	备注
徽州	黄山市徽州区呈坎镇呈坎村	罗东舒祠	明嘉靖十九年（1542年）		全国重点文物保护单位
歙县	黄山市歙县许村镇东升村	大邦伯祠	明嘉靖年间（1522年）		全国重点文物保护单位
	黄山市歙县许村镇许村	观察第	明嘉靖年间（1813年重修）		全国重点文物保护单位
	黄山市歙县许村镇许村	大宅祠（云溪堂）	明万历年间（1573—1619年）		全国重点文物保护单位
	黄山市歙县许村镇许村	大墓祠	明中叶偏晚（约1573—1620年）		全国重点文物保护单位

续表

地区	村落名称	祠堂名称	始建年份	照片	备注
歙县	黄山市歙县郑村镇郑村	郑氏祠堂	明成化二年（1466年）		全国重点文物保护单位
	黄山市歙县三阳乡叶村	叶村洪氏祠堂（敬本堂）	明初（约1368年）		全国重点文物保护单位
	黄山市歙县北岸镇北岸村	吴氏祠堂	清道光六年（1826年）		全国重点文物保护单位
	黄山市歙县昌溪乡周邦头村	周氏祠堂	明弘治十年（1497年）		全国重点文物保护单位
	黄山市歙县昌溪乡昌溪村	员公支祠	清嘉庆年间（1760—1820年）		全国重点文物保护单位
	黄山市歙县郑村镇棠樾村	世孝祠、清懿堂、敦本堂（棠樾古民居）			安徽省文物保护单位

续表

地区	村落名称	祠堂名称	始建年份	照片	备注
休宁	黄山市休宁县城南五公里溪头村	三槐堂	明万历三十年（1602年）		全国重点文物保护单位
休宁	黄山市休宁县商山镇黄村	黄村进士第	明嘉靖十年（1531年）		全国重点文物保护单位
绩溪	宣城市绩溪县瀛洲乡大坑口村	龙川胡氏祠堂	明嘉靖二十五年（1546年）		全国重点文物保护单位
婺源	上饶市婺源县浙源乡凤山村	凤山查氏大祠堂	清康熙三年（1664年）		全国重点文物保护单位
婺源	上饶市婺源县思口镇河山坦新源村	俞氏祠堂	明嘉靖四十三年（1565年）		全国重点文物保护单位
婺源	上饶市婺源县江湾镇汪口村	俞氏祠堂	清乾隆九年（1744年）		全国重点文物保护单位

续表

地区	村落名称	祠堂名称	始建年份	照片	备注
婺源	上饶市婺源县沱川乡篁村	篁村余氏祠堂（婺源祠堂）	明永乐年间（1403—1424年）		全国重点文物保护单位
	上饶市婺源县镇头镇阳春村	阳春方氏祠堂（婺源祠堂）	明嘉靖四十一年（1562年）		全国重点文物保护单位
	上饶市婺源县大鄣山乡黄村	经义堂（婺源祠堂）	清康熙年间（约1691年后）		全国重点文物保护单位
	上饶市婺源县清华镇长寿古里洪村	光裕堂（婺源祠堂）	明朝中叶（约1530—1640年）		全国重点文物保护单位
	上饶市婺源县思口镇西冲村	俞氏祠堂敦伦堂（婺源祠堂）	清嘉庆六年（1801年）		全国重点文物保护单位
	上饶市婺源县中云镇豸峰村	豸峰成义堂（婺源祠堂）	清同治年间（1862—1874年）		全国重点文物保护单位

续表

地区	村落名称	祠堂名称	始建年份	照片	备注
祁门	黄山市祁门县闪里镇桃源村	大经堂、持敬堂、保极堂、慎徽堂、思正堂、大本堂、叙五祠（桃源村古建筑群）			安徽省文物保护单位
	黄山市祁门县闪里镇坑口村	会源堂（祁门县古戏台群）	明万历十五年（1587年）		全国重点文物保护单位
	黄山市祁门县闪里镇磻村	嘉会堂（祁门县古戏台群）	清同治年间（1862—1874年）		全国重点文物保护单位
	黄山市祁门县闪里镇磻村	敦典堂（祁门县古戏台群）	清同治年间（1862—1874年）		全国重点文物保护单位
	黄山市祁门县新安镇珠林村	徐庆堂（祁门县古戏台群）	清咸丰初期（1851—1853年）		全国重点文物保护单位
	黄山市祁门县新安镇洪家村	敦化堂（祁门县古戏台群）	清道光年间（1821—1850年）		全国重点文物保护单位

续表

地区	村落名称	祠堂名称	始建年份	照片	备注
祁门	黄山市祁门县新安镇李坑村	大本堂（祁门县古戏台群）	清同治十三年（1874年）		全国重点文物保护单位
	黄山市祁门县新安镇上汪村	叙伦堂（祁门县古戏台群）	民国十六年（1927年）		全国重点文物保护单位
	黄山市祁门县新安镇叶源村	聚福堂（祁门县古戏台群）	清同治年间（1862—1874年）		全国重点文物保护单位
	黄山市祁门县新安镇长滩村	和顺堂（祁门县古戏台群）	清同治年间（1862—1874年）		全国重点文物保护单位
	黄山市祁门县新安镇良禾仓	顺本堂（祁门县古戏台群）	清末		全国重点文物保护单位

续表

地区	村落名称	祠堂名称	始建年份	照片	备注
黟县	黄山市黟县城东北	汪氏祠堂乐叙堂（宏村古建筑群）			全国重点文物保护单位
	黄山市黟县城东	敬爱堂、追慕堂（西递古建筑群）			全国重点文物保护单位
	黄山市黟县县城	叙秩堂、叶奎光堂、敦睦堂、慎思堂等8个祠堂建筑（南屏村古建筑群）			全国重点文物保护单位

资料来源：作者自制

3 徽州祠堂的规划选址

祠堂大多分为总祠和支祠，徽州祠堂总祠的选址极为严谨，因家族发展庞大后会集全族之资修建总祠，所以祠堂的地址与规格要求都是相对较高的。作为村落中极为重要的公共建筑，较好的可达性是第一考虑，紧接着就是场地大小、环境以及堪舆考究。徽州祠堂支祠的选址一般会在祖宗故居处，若故居场地合适，会选择直接改造成支祠作为祭祀场地，若场地不够，则选择将旧址拆除，原地重建新祠。

如表3-1所示，徽州祠堂的规划选址方式分为四种：中轴核心、负阴抱阳、阴阳相悖和正寝之东。不同的规划选址方式，体现着对生态、场地、环境、族群等各方面理念的不同表达，在赋予美好寓意的同时，也存在应对自然环境所作出的改变，使建筑本身与自然环境更加吻合，相融共生。

徽州祠堂的规划选址　　　　表3-1

规划选址方式	选址理念	选址示意图	案例图析
中轴核心	选址上落于村落整体的中轴线上，成为对称布局中的重点所在		

续表

规划选址方式	选址理念	选址示意图	案例图析
负阴抱阳	选址后有主峰和左右次峰环抱，前有蜿蜒水系贯穿	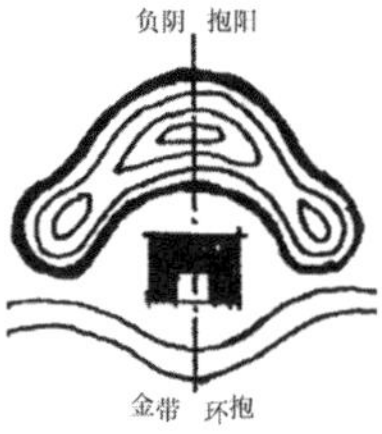	
阴阳相悖	男女即为阴阳，选址男祠与女祠相对而立，刚柔之合，纯懿稳固	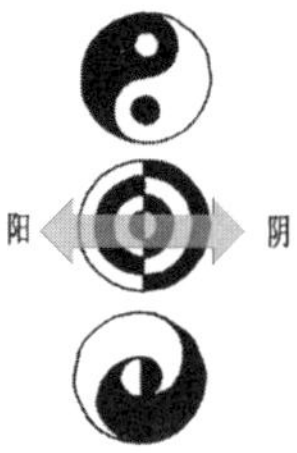	
正寝之东	基址选择在整体村落的东部	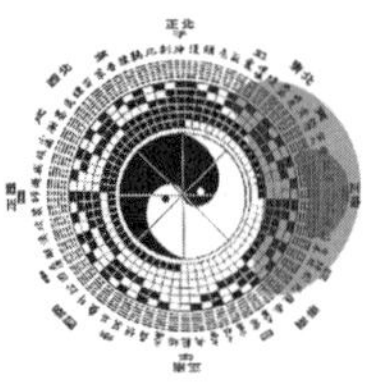	

资料来源：作者自制

3.1 "中轴核心"的规划选址

传统封建制度社会，"对称"与"规整"成为权力和地位的代名词，所有建筑规划都遵循着这个特点，每个建筑都存在等级差异、高低有别，而中轴线则成为对称布局中的重点所在，因此，较高等级地位的建筑大多建立在中轴线上。祠堂建筑作为传统社会的公共空间、聚集场所，通常形似分割线，将村落划分为各个板块，使各板块既分离又连通；又由于祠堂自身的建筑等级较高，代表着当地宗族地位，自然在选址上多落于村落整体的中轴线上，一方面可增加其可达性与使用率，另一方面又彰显了建筑的重要性。

西递村是一个典型的符合传统堪舆学的徽州村落（图3-1、图3-2），完整的村落形态像一艘乘风破浪的巨轮，一排排的传统民居构成了船身，村前高大的牌坊便是船帆。西递村落建筑群总体占地16公顷，敬爱堂和追慕堂落于村落的核心位置，溪水穿流其间，村内有四条主街，道路向南北、东西延伸，辐射全村[13]。敬爱堂和追慕堂在全村多向道路的中轴线上，作为地位极其重要的建筑，坐落在村落整体规划布局的核心位置，成为祠堂建筑"中轴核心"规划选址的典范。

从交通优化方面来看，这样的选址理念不仅能提高祠堂建

图3-1 西递村总平面图

（图片来源：作者自制）

图 3-2 西递村鸟瞰图
（来源于网络）

筑的可达性，还能突出村落重点，使得布局规整有序，位于中轴核心的位置，即使村子最边缘的人家去参加集会，祠堂也具有相对较高的通达性，同时在一定程度上也有利于优化其通风效果，增强风的贯穿性。

3.2 "负阴抱阳"的规划选址

负阴抱阳、枕山面水是传统建筑、聚落的基本选址方式，道法自然，可谓"一生二，二生三，三生万物。万物负阴而抱阳，冲气以为和"。如表 3-1 所示，负阴抱阳的基本布局为：后有主峰和左右次峰环抱，前有蜿蜒水系贯穿，基址位于山水之间，地势平缓，适于营建便为佳地[10]。背山敦厚强壮要有足够的力量，背山有力才能保证家族后人做事有靠山，家族的人才能出人头地，有山可依，有水穿流，终显地灵而后人杰，人丁兴旺不衰，财官亨达，光宗耀祖，用堪舆中的说法即代表着气运环绕，家族兴盛，所以满足负阴抱阳的条件一直都是传统建筑规划选址的方法之一。作为村落中的核心公共建筑，祠堂建筑规划选址当然也不例外，风水佳地对宗族的重要建筑来说也是极为重要的考量因素。

宏村是徽州极具代表性的村落之一，枕山面水，是一块风水宝地，村人崇尚堪舆，曾寻堪舆大师对其地势进行勘探，高耸的雷岗山位于村落西北处，西溪顺势南下，宏村的基础地理形态宛若一头牛，于是在堪舆占卜过后，村民决定以牛为原型来规划整个村子。由于水系从村外围流过，便决定人工引流，挖一湖泉眼，即"月沼池"，成为牛的胃部，并且湖边建祠，汪氏祠堂自然也就占据村中极为重要的地段，后枕雷岗山，前绕西溪水，月沼池前落，形成典型的负阴抱阳之势，即阴阳合一。

从环境优化方面来看，"负阴抱阳"的选址理念同时蕴含着很多改善建筑及周边环境的智慧，如图3-3所示，背部靠山，用来抵御冬季的冷流；正面朝阳，用来争取更多的阳光；前方绕水，用来平衡夏季炎热的气温，净化输送凉风，与此同时为居住用水和安全用水提供了强大的源泉。这样的场所环境不仅能起到改善周围微气候的作用，并且山水围绕也能够促进生活所需的各种生产活动，推动衣食住行的发展[14]。

图3-3 选址生态示意图

（图片来源：王其亨.风水理论研究（第2版）[M].天津：天津大学出版社，2005.）

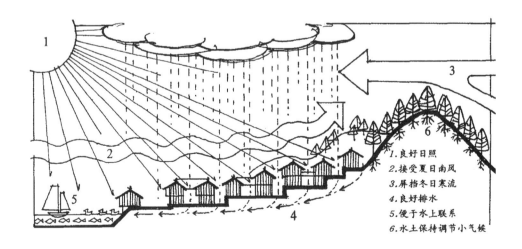

1. 良好日照
2. 接受夏日南风
3. 屏挡冬日寒流
4. 良好排水
5. 便于水上联系
6. 水土保持调节小气候

3.3 "阴阳相悖"的规划选址

阴阳之说在古时常常被人们定义为理论思想的基本类别之一，多被学者用于探索世间万物的本源，世间万物都逃不开阴阳之间，两者相对，道法伦常亦是如此[10]。在徽州地区的祠堂规划选址中，相较于其他手法，"阴阳相悖"成为较为独特的一种，男女即为阴阳，男祠与女祠相对而立，刚柔之合，纯懿稳固，同时满足了堪舆学说中的阴阳相济、虚实相生、刚柔互补等要点。

作为一个历史悠久的村落，棠樾的村名来源于《诗经·召南·甘棠》，其中"棠樾"的寓意是在棠荫之处，村名是由"唐越"发展而来，是为纪念唐朝越国公汪华而取的。如图3-4、图3-5所示，棠樾村落的场地"枕山、环水、面屏"，可谓风

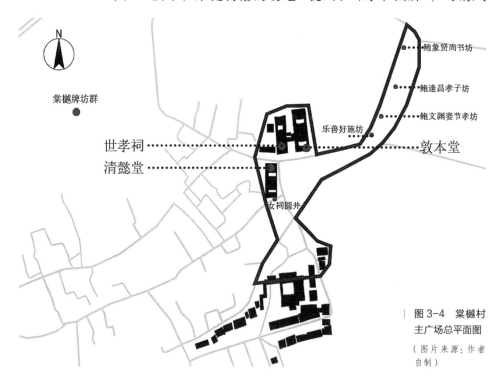

图 3-4 棠樾村主广场总平面图

（图片来源：作者自制）

图3-5 棠樾村牌坊群透视图

（来源于网络）

水宝地，前方为盆地地貌，北向有山脉林立，南向富亭山坐镇，水系则自西向东环山而下[13]。棠樾女祠其名为清懿堂，旨在歌颂女子品行端正优良，该祠堂落于棠樾牌坊群以西，建于清嘉庆年间，只因原鲍氏家族只建男祠，鲍家鲍启运便决定为家族内女性建造一座专属的祠堂建筑以歌颂女子之德、母恩母德。根据《易经》中"男乾女坤，阴阳相悖"所言，将女祠与男祠相对而建，相互呼应，阴阳而立，该祠堂为祠堂建筑的设立创建了新的规则，打破旧例，在徽州地界乃至全国也是极为罕见的[7]。

3.4 "正寝之东"的规划选址

朱熹在《家礼》中就说："君子将营宫室，先立祠堂于正寝之东。"正寝之东即基址选择在整体村落的东部，方向与定位有着相对硬性的要求。宋朝的祠堂大多为家庙，以供奉先世神主，彰显家族门风，其选址也十分考究。传统理念认为东方即太阳普照之处，寓意繁荣向上，风水极佳，因此很多重要的建筑大多修建在村落东边,并且村东头若非村落主入口,通常亦设小门,作为次入口。

明朝时,徽州大兴土木建造祠堂,皇帝号召大臣百姓在冬至日统一进行祭祖,自此形成了民间重大祭祀习俗的革新。徽州地区大坑口村的龙川胡氏祠堂就是在这种情形下,由原先的"家庙"转变为祠堂[7],"东端为庙,太阳普照,西边为室,惠泽万家"。如图3-6、图3-7所示,胡氏祠堂枕山临水,坐北朝南,位于大坑口村东端,祠堂的五凤门楼檐角翘起,祠身规整对称,层层递进,加上高耸的围墙,整个祠堂建筑呈现出神圣肃穆之态。

从建筑优化方面来看,正因胡氏祠堂优良的位置和良好的朝向,堂内通风流畅,冷暖适宜,在清代整修的时候便发现堂内竟无一处蜘蛛网,这种现象一直延续近百年。由此可知,"正寝之东"的规划选址模式不仅寓意向上,还能改善建筑内部及周边的风环境。

图3-6 大坑口村总平面图

(图片来源:作者自制)

图 3-7　胡氏祠堂五凤门楼

（图片来源：作者自摄）

4 徽州祠堂的建筑特征

"社则有屋,宗则有祠",祠堂建筑是我国古聚落中最早产生的公共建筑,其地位也十分重要[15]。宗族社会重视亲族血缘,等级制度十分森严,宗法族规严明,凡是重大节日或活动都会在祠堂内祭祀,并且长辈和后辈们都十分讲究尊卑秩序。正是这样的宗族文化与制度,才形成了祠堂建筑独有的建筑特征。

4.1 以对称递进为主的空间特征

4.1.1 平面空间对称规整

清代段玉裁对《说文解字》中"堂"字的注解为:"古曰堂,汉以后曰殿。古上下皆称堂,汉上下皆称殿。至唐以后,人臣无有称殿者矣。"如图4-1所示,在祠堂建筑的平面空间

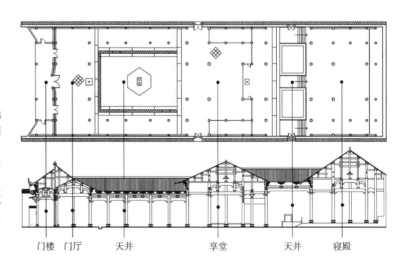

图4-1 徽州地区祠堂建筑平面空间示意图

(图片来源:焦梦婕.乡土建筑遗产保护视域下安徽碧山村"祠堂群"研究[D].西安:西安建筑科技大学,2018.)

门楼 门厅 天井 享堂 天井 寝殿

分布中，堂包括前堂、中堂和后堂，也就是俗称的仪门、享堂和寝堂部分，其中仪门空间包括门楼和门厅空间。对于祠堂建筑的营建，在建筑规模上曾有定数，官宦家中建的家祠，建筑整体只能为三进，仪门部分为三开间，享堂部分为五开间，寝堂部分为三开间；而平民百姓建祠则要求祠堂三开间，外为中门，中门外为两阶，皆三级[16]。

在传统封建社会，"对称"与"规整"成为权力和地位的代名词，所有建筑规划都遵循着这个特点，每个建筑都存在等级差异，高低有别，中轴线则成为对称布局中的重点所在。由于祠堂自身的建筑等级较高，代表着当地宗族的地位，自然在选址上多落于村落整体的中轴线上，一方面可增加其可达性与使用率，另一方面彰显了建筑性质的重要性。现今，祠堂平面一般存在两种形制，分别为廊院式和合院式（图4-2）。廊院式在徽州地区祠堂建筑中存在较多，祭祀空间靠廊道连接，两者形成天井空间，同时廊道也具有观礼、疏通祭祀流线的作用；合

a 廊院式

b 合院式

图4-2 徽州地区祠堂建筑平面形制

（图片来源：作者自制）

院式则靠东西两侧厢房将空间围合成院落，空间上显得更多元化。从图4-2可以看出，廊院式形制中，后天井与前天井相比显得扁长一些，在空间营造上做到了收放相间，起到增添祠堂建筑独特神秘氛围的作用。

4.1.2 垂直空间逐渐递升

祠堂建筑中的仪门只供族内地位较高或年纪较长的人使用，平时几乎处于关闭状态，无大型活动时，只开启两边侧门供普通族人通行，门下门槛是活动且可拆卸的，祠堂建筑的等级越高，其门槛也越高。前天井中有用石板铺设的甬道，将仪门空间与享堂空间相连，只有一定地位的族人才能从仪门进入，通过甬道步入享堂参加重大活动。从建筑垂直面上看，随着建筑平面高度的增加，代表着族内地位的升高，只有族中年高德劭的族人才能进入祠堂建筑的最高处。如图4-3所示，在举行家族祭祀活动时，不同的区域单元存在着不同等级的划分，导致不同地位的族人所能进入的区域不同，地位越高越能靠近建筑的内核[17]。

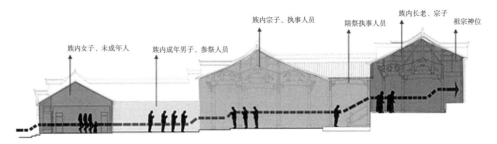

图4-3 徽州地区祠堂建筑垂直空间示意图

（图片来源：蔡丽. 祭祀行为下的祠堂空间研究[D]. 昆明：昆明理工大学，2018.）

4.2 以混合结构为主的结构特征

自古以来，徽州本土人民普遍建造的为干栏式建筑，随着中原百姓的大量迁入，为徽州带来了以梁柱为主要承重方式的木结构体系以及部分官式建筑的营建技术，这些建筑营建方式与本土的山越建筑做法相结合，将两者结构特征相互融合，形成了适合徽州本土营建习惯的结构体系[17]。

徽州地区祠堂建筑大多是木构架的结构形式，并且大多为穿斗式和抬梁式的混合形式，以木结构为主要承重体系，重量自上而下由檩条到梁枋再通过柱子传输到地面。

智慧的徽州人各取所长，集合了穿斗式和抬梁式的优点，在充分发挥穿斗与抬梁基本结构优势的前提下，将祠堂建筑空间高效划分，满足使用功能。如图4-4所示，以棠樾村的敦本堂为例，其寝堂部分的结构体系就是典型的混合结构，由于建筑本身的空间需求，下部主要是抬梁结构，穿斗结构则位于双屋顶间的夹层空间，用于辅助建筑结构稳固，如此在稳固安全的前提下，既节材又方便。

木结构因为颜色和材质的特点，不会给人以厚重之感，尽管有时体量略大，但看着轻巧，各木构件之间用榫卯连接，增加了结构的韧性。又因徽派建筑主要以梁柱结构承重，墙体只

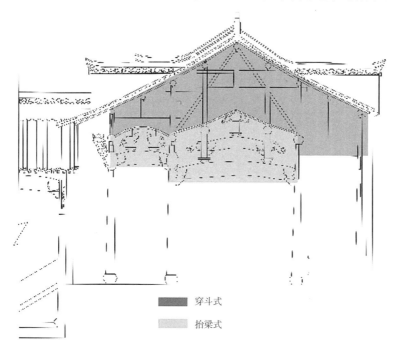

图4-4 棠樾村敦本堂寝堂剖面图

（图片来源：作者自制）

作为围护结构，此组合能够实现墙倒屋不塌，但也存在弊端，因为火灾对于传统徽派建筑来说是天敌一般的存在。像祠堂这样的建构方式在徽州地区使用频率极高，优势显著，成为不可忽视的特色结构体系。

以混合结构为主的结构体系适应性极强，主要表现在两个方面：其一，是对地形的应对。无论哪种地形地貌或高低错落的平面，这样的结构体系都能快速适应，并作出调整。其二，是对平面空间的应对。对于不同功能空间的需求，此种结构体系都有多种组合方式应对，具有较强的灵活性[18]。

4.3 以地域木石为主的材料特征

徽州地区传统祠堂建筑所用的天然材料主要以木材与石材为主，就地取材是徽州建筑营建的基本原则之一，因此地域材料是徽州地区建筑构成的主要原材料。因地域材料特性各不相同，在建筑构造中会被运用在不同的部位，这样可将材料本身的优点发挥到最大化。

受地形地貌影响，徽州山地居多，且多为黄壤，土层厚，肥力高，适合林木生长，因此徽州盛产木材，这些木材高大质优，为徽派建筑的搭建提供了优质的原材料，徽州地区祠堂建筑的主要承重结构和基本构件几乎都是木材制成。徽州木材种类大多为松木、香杉木、樟木和银杏木，其中杉木纹理通直，不易弯曲开裂，且有淡淡的木香，材质本身的受加工程度较高，最重要的是，杉木具有较强的耐腐蚀能力，不受白蚁的侵蚀，这在潮湿且白蚁猖獗的徽州地区十分适用，因此祠堂建筑中承重或体型相对较大的构件会采用杉木，如梁柱、楼板或雀替等构件。若是需要受弯的部位，则选择松木，因其材料本身具有较好的弹性和良好的抗弯性能，并且纹理清晰简约，十分具有质感。在常年湿气较重的徽州地区，木材因潮湿而形成的开裂也极受重视，这些木材质地坚硬、尺寸适中，且能防止虫蛀，是很好的祠堂建筑原材料[19]。

由于徽州地区常年空气湿润，雨多潮湿，防潮防霉成为建筑营建的主要考虑因素之一，因此，石材成为室外以及直接接触地面构建的主要材料，例如祠堂建筑中享堂以及寝堂部分的地面铺设大多使用地砖类材质，而天井及其他室外场地则大多采用石材铺地，防止因长年雨水冲刷而导致的腐蚀与破损。黟县青和茶园石是徽州地区建筑营建中较为常见的两种石材，黟县青表现较为坚硬，大体呈现青灰色，在颜色上与徽州地域建筑浑然一体，也因其属于大理石类，因此通过加工处理后表面较为光滑，美观好用，常出现在抱鼓石、石雕装饰以及花窗等处，而茶园石则常出现在祠堂建筑的地基中[19]。

4.4 以徽雕彩绘为主的装饰特征

祠堂建筑庄严肃穆和引人驻足的特点与徽州传统雕刻紧密关联。徽雕是徽州地区传统建筑独有的美化装饰技艺，其中最著名的是以木雕、石雕、砖雕为主的"徽州三雕"，而作为全族荣誉的代表建筑——祠堂建筑，集全村之资修建而成，在经费方面相较于传统民居富足很多，所以祠堂建筑的雕刻装饰繁复多样。徽州地区的雕刻工艺十分精湛，建筑的各个构件上大多采用繁复的雕刻作为装饰，雕刻的内容丰富别致，有各类人物、常见动植物、吉祥花纹和神话故事等，祠堂建筑中繁复精美的雕刻技艺不仅是徽州地区的艺术瑰宝，更能够侧面体现一个宗族的地位与财力；同时，这些精美绝伦的装饰艺术也寄托着后辈对先祖的敬仰和对家族未来的美好憧憬与期许，烘托出祠堂建筑独特的氛围。

4.4.1 小木作居多的繁复木雕

徽州传统木雕是祠堂建筑中运用最为广泛的装饰工艺之一，其中小木作的木雕更加丰富多彩，木雕装饰艺术的繁简程度与建筑空间的使用频率相关。对于祠堂建筑来讲，精美的木雕大多出现在梁脊、雀替、栏杆、平盘斗、撑拱、槅扇门窗、门罩等处，木雕的雕刻手法繁多，如线刻、圆雕等，后期还将其与其他材料和工艺相结合，例如嵌入其他质感的装饰材料，以丰富木雕的整体艺术美感，彰显雕刻技术。木雕的雕刻过程也是细致且繁复的，具体流程如表 4-1 所示，从选材到附油漆大体分为 7 步[20]，正因其冗长复杂的工艺流程与细致高超的雕刻技术，才能成为"徽州三雕"中不可取代的一部分。

4.4.2 下层空间居多的沉稳石雕

众所周知，徽州峰峦叠起，石材较容易获取，因其本身的材料特性，许多石材能够经历百年的考验留存至今，现在仍有宋代保存下来的石材雕刻作品。因为石材敦厚稳重和耐久防腐的材料特性，所以石雕常出现在祠堂建筑中靠近地面的位置，整体存在空间偏下，例如抱鼓石、柱础、石漏窗、石狮、勾栏等。石雕造型相对木雕与砖雕来说较为简单，不仅因为其材料坚硬、可塑性相较其他两类较低，还因为其稳重庄严的材料质感仅需要通过简单的雕刻来进行诠释，但雕刻手法同样繁多，包括浮雕、平雕、线雕等。石雕的雕刻过程相对来说较为简洁，从选择石材到清理修补共 6 步[20]，具体过程见表 4-1。

4.4.3 墙面门楼居多的精细砖雕

徽州砖雕拥有很长的发展历史，从明代开始，徽州地区便大量出现砖雕装饰。由于祠堂建筑受传统封建礼制影响，其建

表 4-1

徽州地区祠堂建筑的装饰特征

工艺	常见部位	工艺流程	代表祠堂	案例图片
木雕工艺	梁脊、雀替、栏杆、平盘斗、撑拱、槅扇门窗、门罩	选材→放样→打粗坯→细刻→清理修补→揩油上漆	婺源县思口镇西冲村敦伦堂  	
石雕工艺	抱鼓石、柱础、石漏窗、石狮、勾栏	选材→修磨→放样→打荒→掏挖空当→清理修补	黄山市徽州区呈坎镇呈坎村罗东舒祠  	

续表

工艺	常见部位	工艺流程	代表祠堂	案例图片
砖雕工艺	门楼与门罩、漏窗、照壁	选材→修磨→放样→打粗坯→细刻→清理修补	歙县郑村镇棠樾村清懿堂  	
彩画工艺	梁枋、楼板下、墙面、隔板、藻井、门扇	颜料筛选→放样→绘画→晾干清理	黄山市黟县西递村追慕堂  	

资料来源：作者自制

筑规模、形制不能过大，应严格按照制度上的要求建造，因此很多财力雄厚的家族便在祠堂建筑的雕刻装饰上下功夫，将大量的人力、物力、财力投入装饰艺术，砖雕便在这种社会环境中孕育而生，因其具有较好的耐久防腐特性，便大量出现在门楼与门罩、漏窗、照壁等处。良好的主体材料才能雕刻出惟妙惟肖的砖雕作品，作为雕刻主材料，砖材主要选择方砖或金砖。正因这类精美细致的砖雕内容丰富，灵动可爱，使得徽州祠堂建筑的外墙效果变得更加立体生动。其雕刻手法也分为很多种，有单层平面雕刻的，也有多层次穿插雕刻的，有单一纹路，也有雕绘神话故事的，丰富多样、张弛有度，其具体流程由选材到清理修补共 6 步[21]，具体见表 4-1。

4.4.4 生动多彩的彩画工艺

徽州地区的建筑彩绘集中反映了当地传统建筑的艺术特征。在祠堂建筑中，彩绘相较于雕刻来说并不是很多，主要出现在梁枋、楼板下、墙面、隔板、藻井、门扇等处[22]。例如，西递追慕堂寝堂处绘有许多颜色鲜艳的彩画，追慕堂建筑结构古朴大气、宏伟壮观，原是西递村胡氏家族供奉祖先的祠堂，寝堂现供奉先祖、明君，其间彩画生动多彩，歌颂明君，寓意美好，彩画与木雕相互呼应，增加了祠堂的丰富程度，同时体现了中国徽州传统艺术之精华。彩画工艺流程具体见表 4-1。

4.4.5 寓意丰富的装饰素材

丰富的生态资源与环境塑造了徽州人民怡然自得、忧然娴雅的生活状态，优质的山水风景也在一定程度上提升了徽州人民发现美的能力，陶冶了情操，同时对徽州的传统建筑和雕刻风格产生了潜移默化的影响。徽州人民将寓言故事及谐音符号投映到建筑雕刻上，以此展现他们对生活与未来的美好期望，

这也是装饰艺术所承载的文化内核。

新安画派在无形中使徽州雕刻艺术发生了改变，徽雕的刻画内容从动植物到人物神话，无不显示出极高的文化品位[20]，其装饰素材常分为人物、动物、植物、祥瑞图案等，以人物为题材时，通常神话传说居多，有些徽曲桥段也会被延伸到雕刻装饰中去。此外，许多以谐音或寓意美好的动植物作为装饰元素，例如大家所熟知的仙鹤、卷草纹、荷花、菊花等都是常见的样式；还有以万字纹、八宝团为主的祥瑞图案雕刻，许多镂空构件常运用这类图案，这些主题都寓意着美好的希望和高尚的品德[22]。

5 徽州祠堂的营建技术

徽州地区祠堂建筑运用适宜节能的营建技术对微气候和场所氛围进行调节与改善，通过自身的技术手法和材料特性优化提升了建筑环境。本章通过建筑外部环境、建筑空间、建筑构造和建筑材料四个方面，从宏观到中观再到微观，从外部环境到建筑内部，从营建理念到营建技术，系统凝练了徽州祠堂30项营建智慧，总结了传统祠堂建筑的地域适应性特征。

5.1 外部环境的营建技艺

5.1.1 通风降温的深巷尺度

徽州地区传统建筑大多为2～3层，每户以高耸的马头墙隔开，无论是公共建筑还是民居建筑，大多对外都只开小窗，且位置较高。在徽州地界，明代传统建筑普遍一层比二层的层高低，但到清朝之后，一层比二层的层高又高出一些，产生此现象的主要原因是使用空间的变换，随着时间的推移，建筑主要使用空间渐渐由二层转移到一层，自然层高也会随之改变[23]。与此同时，祠堂建筑作为公共建筑的一种，也受到此种建筑形制变化的影响，与大多数民居建筑呈现类似的使用习惯，建筑一层成为较为主要的使用空间。

受地理因素影响，徽州地区传统聚落排布较为紧凑，建造间距都相对较近，从而形成了交织分布的窄巷，这也是高效利用土地资源的体现。然而，街巷大小不一，主街较宽，一般在6～8m，有些与水系相连的水街宽甚至达到12～15m；与之相反的是横纵交错的较窄小巷，民居间狭小巷道宽度普遍在1～2m，高宽比普遍在5∶1～7∶1。由于祠堂建筑本身的公共建筑特性，建筑自身在高度上较民居普遍要高，因此，祠堂建筑旁的巷道相较于民居中的巷道更为狭窄，巷道仅有0.7～1.5m宽。由表5-1可以看出，祠堂建筑旁的巷道通常会处于狭长的比例之中，高宽比大多在6∶1～10∶1。

代表性冷巷对比表　　　　表5-1

代表祠堂	案例实景图	冷巷示意图	侧墙高度（m）	普遍宽度（m）	高宽比值
宣城市绩溪县瀛洲乡大坑口村龙川胡氏祠堂			7.3	0.75	9.7
黄山市歙县昌溪乡周邦头村周氏祠堂			7.5	1.3	5.8
黄山市祁门县闪里镇桃源村保极堂			6	0.8	7.5
上饶市婺源县江湾镇汪口村俞氏祠堂			9.5	1.3	7.3

续表

代表祠堂	案例实景图	冷巷示意图	侧墙高度（m）	普遍宽度（m）	高宽比值
上饶市婺源县思口镇西冲村俞氏祠堂			7.4	1.2	6.2

资料来源：作者自制

祠堂建筑旁巷道在一定程度上对街巷和建筑之间的微气候有巧妙的调节作用，这类窄巷称为"冷巷"。冷巷一般指传统聚落中具有遮阳效果的窄巷道，良好的被动降温作用使其成为建筑的气候缓冲层，因为狭窄，巷道受太阳辐射少且能保持阴凉，两侧较封闭的高大实墙又是很好的蓄冷体，白天蓄存热量、保持墙体表面低温，夜间又被室外冷空气冷却从而蓄冷，因此，巷道内温度波动通常比室外开敞空间小[24]。

祠堂建筑旁冷巷降温技术主要包括遮阳和通风两个方面：

（1）低辐射遮阳减能

针对遮阳效应，在夏季冷巷常通过减少墙体和地面接收阳光照射的时间来降低建筑外部的热量，降低墙体与地面的温度。如图5-1所示，将主街道与冷巷两种具有一定代表性的巷道类型进行光环境对比模拟分析，结果呈现为：主街道上的光照时长每天平均在2.47～2.85小时，而冷巷则控制在每天平均0.75～0.83小时，由此可知，主街道的光照时长普遍比冷巷的光照时长多出很多，冷巷利用建筑自遮阳效果，减少了建筑外部得热。徽州地区建筑高度一般在6～8m，公共建筑则偏高，有的达到10m左右，巷道宽度也是宽窄不一，从而使得太阳的入射角度与入射时间存在一定差异。如图5-2和图5-3所示，通过对主街道与冷巷分别在夏至日当天的逐时日照阴影

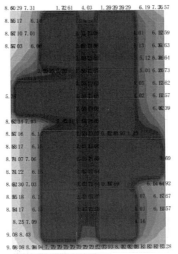

图 5-1 冷巷与主街道日照时间对比图

(图片来源:作者自制)

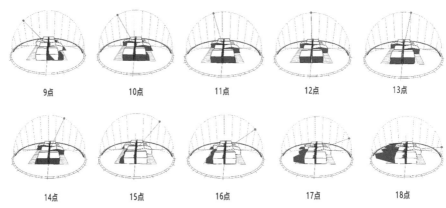

图 5-2 冷巷夏至日逐时日照阴影图

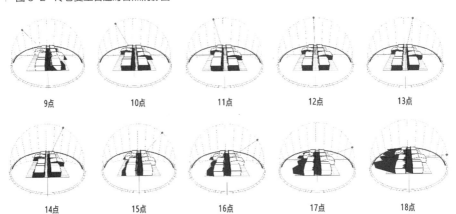

图 5-3 主街道夏至日逐时日照阴影图

(图片来源:作者自制)

进行分析可知,在冷巷常有的巷道高宽比情况下,太阳直射到巷内的角度相对较小,当日只有在12:00前后一小时左右时间存在直射阳光投入;而通过主街道的逐时日照阴影图可明显看出,当日在10:00~15:00存在大小不一的阳光直射,相较于冷巷,主街道多出近4小时的阳光照射,大大增加了巷道的平均温度,因此建筑利用巷道的高宽比来调整太阳入射的高度角,以减少巷道内的太阳辐射,从而降低巷道内温度的方法,对于调节室外微气候是十分必要的。

（2）被动式通风降温

祠堂建筑旁的冷巷保持着一定通风,主要分为纵向通风和横向通风两类。

对于纵向通风,因冷巷空间狭长,自然形成了一个纵向的通风管道,其以活塞式通风方式进行空气流通与交换,达到高效的通风作用。同时,冷巷位于祠堂建筑与其他建筑间的气候缓冲区,在一定程度上承担着置换与更新微气候的责任,因此,横向通风对于冷巷来说也是十分必要的。由于夏季祠堂建筑天井处屋顶率先受热产生大量热量,导致天井上空的空气升温,而基于冷巷纵向通风而保持低温的墙体与地面则能冷却建筑底层空气,从而形成冷热空气的流动,促进了空气的置换与流通,横向空间通过门洞或侧高窗将同一水平线上的建筑相互连通,这样的过渡缓冲空间不仅能置换掉热空气,还能帮助天井加强其拔风效果,对祠堂建筑内部的风环境起到积极的作用[24]（图5-4）。横向通风与纵向通风相互结合,实现了祠堂建筑周围微气候的良性循环。

与此同时,冷巷的夜间降温也是不可或缺的一步。冷巷利用夜间的空气流通可以置换掉白天建筑所吸收的热量,降低墙体温度;墙体具有保温隔热的作用,因此在夜间墙体成为一个蓄冷体,将夜间冷空气存储在体内,等到第二天白天,建筑

图 5-4 热压作用下冷巷通风原理图

(图片来源：陈晓扬，仲德崑.冷巷的被动降温原理及其启示[J].新建筑，2011(3)：88-91.)

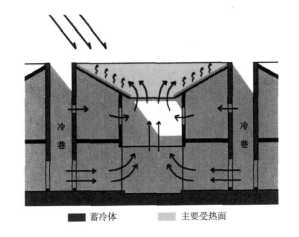

墙体在温差作用下开始吸收外部的热空气，从而达到降温的效果。这样白天吸热，晚上放热，昼夜往复，形成空气流动循环，为祠堂建筑的微气候起到调节净化的作用[24]。

5.1.2 多尺度调和的水系环境

（1）改水理水之法

"天人合一"的自然观是建筑师们一直以来秉承的建造原则，自然与人的和谐共生是一切生存与生活的前提，堪舆学、五行、道法自然等传统观念都是传统村落选址、发展的重要依据。徽州地区的水路构成不仅在满足功能需求的基础上形成了村落的基本要素，同时也反映着村落的日常生活状态以及文化需求[25]。乡土聚落无不以水为命脉，其水系的基本作用大致分为四个方面：第一，徽州作为农业生产的地区比以农耕为生的地区少，但绿化、种植也需要大面积用水；第二，村落人民生活用水是水域流通最主要的作用，水资源的循环利用和排水疏通十分重要，受该地区气候环境影响，常年降雨导致迅速高效排泄雨水以减少洪水灾害成为重中之重；第三，由于地理风貌影响，徽州地区建筑大多为木结构，自此水系的作用便包括防火防灾，丰富的水资源可以及时控制火灾的蔓延；第四，通过水体本身的自然属性，对周边环境微气候进行调节。因此，在祠堂建筑的外部环境中，既要强调高效排水来确保生活安全，又要学会运用水系来营造小环境，如何正确有效地改水理水成为改善生活品质和减少自然灾害发生的决定性因素之一。

在徽州祠堂建筑的外部环境中，改水理水大体分为三个部分：其一，大尺度上，积极利用湖泊、溪流等自然水域，通过人工引流，将地表自然水资源充分利用到村落中去，将其与村中内部水道连接起来；其二，中等尺度上，对村落内部的走水线路进行整体规划设计，沿着街巷边挖造水渠，在石板巷道下面或侧面设置明沟暗渠，正如图 5-5 所示，纵横水线之间相互交织联系，顺应地势，由高入低，逐渐汇合排走，形成活水；其三，小尺度上，在水资源不够丰富的村落可进行凿井处理，将地下水资源利用起来，照顾到大体排水系统中无法顾及的细微之处。如图 5-6 和图 5-7 所示，黟县宏村正是因为宋代时西溪改道向南，才形成了"北枕雷岗，三面环水"的风水宝地，保障着后世的生活生产与安全，同时美化生活环境[25]，其村落中的排水系统大多是顺应地势而造，因为周边山地居多，大多水域自上而下，由外到内贯穿村落，最终汇聚流出，形成自然流动循环的活水。

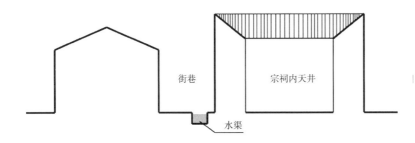

图 5-5 街巷水渠示意图

（图片来源：作者自制）

（2）堂前水口环境调节

水口是整个村落水源的起始点，供应整个村落的主要用水，同时也是核心枢纽，是外部环境中的典型空间。水口在承

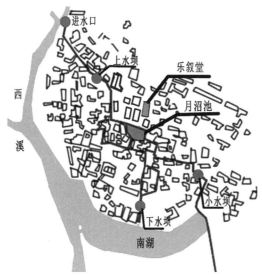

图 5-6　宏村整体水系分析

（图片来源：作者自制）

图 5-7　宏村街巷水渠

（图片来源：作者自制）

　　担防御、供水、景观等功能的同时也十分注重自身的堪舆价值，水口作为村落水系中十分重要的一系水域，在堪舆学说中是聚财聚气的象征，承托着村民对美好生活的愿景，因此水口的选址十分值得考究。

　　水口常设置在村子的入口或者中心部位，有自然形成的，也有人工营造的。祠堂作为重要的公共建筑常建在水口旁，以示族人得水得福。水口本身对周围环境也有调节温度的作用，降雨时雨水能去除大气中 90% 以上的粉尘和 80% 以上的污染气体，随后落入水口，水体通过自净作用后，又蒸腾回空气之中，可阻隔大气中 60% 的热辐射，从而实现水圈循环，平衡环境温度，调节热环境（图 5-8）。

　　在建造水口时，要遵循周围无树原则，保持水源的洁净程度，防止因树引来飞鸟环绕或驻扎，影响水口水源的干净度。如图 5-9 所示，拥有徽州最典型的堂前水口做法的祠堂即是黄山市黟县宏村的汪氏祠堂，其堂前的月沼池即是村落水口处，

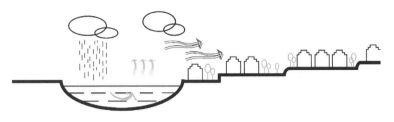

图 5-8 水口分析

(图片来源：作者自制)

图 5-9 宏村堂前水口

(来源于网络)

周遭无树，建筑环绕，不仅调节了祠堂及周边民居微环境的生态平衡，同时也与建筑共同形成了相互交映的优美画卷，成为宏村的一张代表性明信片。

（3）堂周水系调温引流

由于不同村落的水路情况不同，祠堂建筑前的水系情况也有所差别。如表 5-2 所示，可分为三种类型：第一，带状穿插式水系，水路细长，呈带状，从祠堂与其他建筑或场地间穿过；第二，片状边临式水系，水路宽广，呈片状，流域面积较大，祠堂临水而建，建桥过岸，与对面建筑遥相呼应；第三，团状合拢式水系，水路形状闭合成团，下部与村中各水路相连，独立成塘，祠堂依水之旁，中轴而立，彰显祠堂建筑的宏伟大气。

堂周水系类型表　　　　　　　　　　表 5-2

水系类型	示意图	代表案例	案例实景图
带状穿插式水系	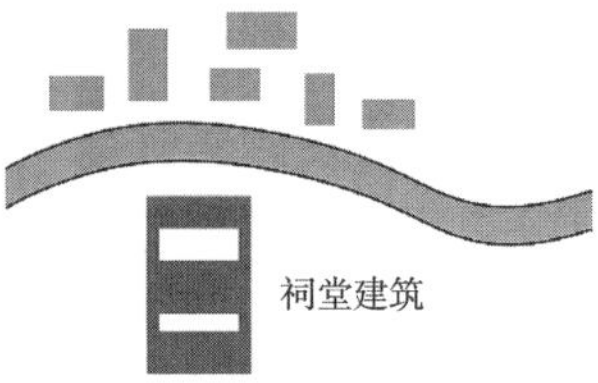	黟县城东西递村敬爱堂	
片状边临式水系	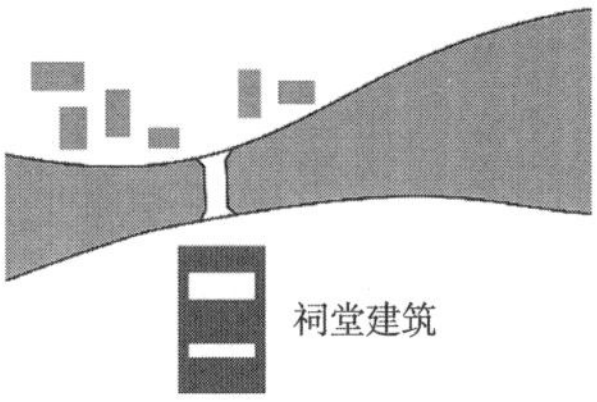	婺源县汪口村俞氏祠堂	
团状合拢式水系	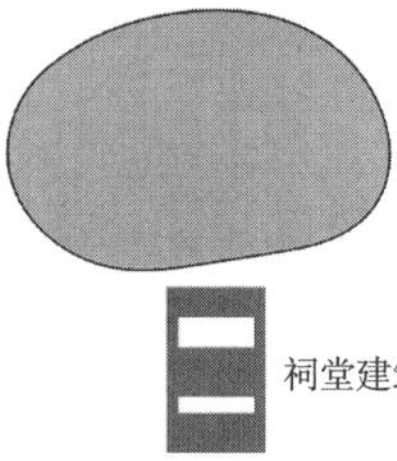	黟县城东北宏村汪氏祠堂	

资料来源：作者自制

　　这类祠堂建筑的堂前水系不仅对祠堂的堂周空间与氛围起到了推动与烘托作用，衬托出了建筑的气质，还利用水体本身的特性对水系周边的微气候产生一定的优化效果，平衡周边温度，降低灰尘，提升了环境舒适度。不同类型的水系水域面积不同，调节作用大小不一，如带状穿插式水系调节面积为水系两侧，而片状边临式水系调节覆盖面积较大，团状合拢式水系调节面积为水系四周，优化其周边微环境。

　　优质水源在传统聚落中不仅是生活的必需品，也是文人赏玩、抒情的对象。白居易在他的文章《池上篇》中写道："十亩之宅，五亩之园。有水一池，有竹千竿。"这是对美好生活的憧憬，也是当时传统建宅、造园的理念。合理地利用和优化水源不仅能满足生活上衣食住行的各类需求，还能循环利用自然资源，长久使用，回馈自然。

5.1.3 公共集散的门坦营造

祠堂建筑常坐落于重要的公共活动区域，其前广场是重要的集散场所，在一定程度上也起到烘托建筑氛围的作用。徽州地区祠堂建筑前常会留出一片空地作为前广场，称为"厅坦"或"门坦"。门坦空间承担着集散人流或暴晒粮食等作用，作为祠堂建筑外部十分重要的场所，徽州人民常通过对门坦上的铺砖进行设计烘托祠堂建筑氛围，同时在有些面积较大的门坦空间放置旗杆、牌坊等构筑物来增强空间的庄严感，强调祠堂建筑的核心地位[26]。例如歙县棠樾村口的敦本堂前以牌坊为界的门坦空间约为 260m²，由于其与世孝祠并排而建，从而扩大了该祠堂建筑的前广场使用场地，有高达近千平方米的门坦空间，祠堂前牌坊与旗杆并立两侧，每一根旗杆都表示着宗族里优秀出众的人物。若村落基地较小、建筑布局相对紧凑，则祠堂建筑前的门坦空间不会十分明显，大多是将街巷或道路交会处形成小空间作为门坦空间使用。

徽州祠堂形式多样，根据不同的场地环境，形成了三种不同的门坦类型：简约门坦空间、水路交映门坦空间和多元素呼应门坦。如图 5-10 所示，门坦空间元素的布局大多采用中轴对称原则分居广场两侧，在一定程度上加强了祠堂建筑语言的塑造，与祠堂规整对称的内部空间相互呼应，形成外部空间与内部空间的延续，丰富了建筑平面的表达。

表 5-3 从祠堂规模、门坦面积、门坦长宽比、祠堂进数以及入口广场环境等方面，对不同祠堂建筑门坦的尺度进行了对比分析。可以看出，当周边存在水体和绿植时，徽州地区祠堂

图 5-10 门坦布局分析图

（图片来源：作者自制）

祠堂门坦尺度对比表　　　　　　　　　　表 5-3

祠堂名称	祠堂规模（m²）	门坦面积（m²）	门坦长宽比	祠堂进数	入口广场环境						实景图
					绿植		周边水体		附属构筑物		
					有	无	有	无	有	无	
歙县郑村镇棠樾村敦本堂	750	260	1.8:1	3进5开间	√			√	√		
歙县昌溪乡周邦头村周氏祠堂	747	172	2:1	3进5开间	√	√			√		
黟县城东北宏村汪氏祠堂	780	68	3:1	3进7开间	√	√				√	

续表

祠堂名称	祠堂规模（m²）	门坦面积（m²）	门坦长宽比	祠堂进数	入口广场环境						实景图
					绿植		周边水体		附属构筑物		
					有	无	有	无	有	无	
黟县城东西递村敬爱堂	1800	152	3:1	3进5开间		√	√			√	
绩溪县瀛洲乡大坑口村龙川祠堂	1270	114	3:1	3进5开间	√		√			√	
婺源县江湾镇汪口村俞氏祠堂	1116	225	1.1:1	3进5开间	√		√		√		
休宁县商山镇黄村进士第	790	75	3:1	4进5开间	√			√	√		

资料来源：作者自制

建筑旁一般构筑物较少或没有，大多门坦近距离中如果存在水体或大量植物映衬时，则其门坦面积相对较小，长宽比普遍为3:1左右，呈长条状，再建构筑物便会占用广场的整体空间，从而导致广场空间开阔度降低，使其尺度感被压缩，削弱祠堂建筑本身庄严大气的氛围。总体来说，祠堂建筑大多为三进五开间的形式，由于基础场地环境不同，规模大多在 $700\sim1800m^2$，且大多数都占有 $1\sim2$ 个元素，少量地位较低的祠堂建筑在入口广场中没有任何元素。因此，徽州地区祠堂建筑的入口广场空间普遍存在绿植、水体或附属构筑物中的部分元素，且不易采用过多的元素堆砌，以免显得过于繁杂和拥挤，破坏入口广场空间氛围的营造。

由上，祠堂建筑的门坦营造不仅要能满足人群集散，还要为祭祀活动、公开议事和举行活动提供场所，同时用绿植、水系、构筑物相互组合营造空间氛围，以小制大，用简单的搭配烘托出祠堂建筑所需的氛围感，同时调节微气候，平衡环境。

5.1.4 置换空气的绿墙花窗

徽州地区街道旁绿墙的建造十分普遍，祠堂建筑旁亦是如此。祠堂临巷围墙上常挂绿植，爬墙植物大多属于藤本植物，最常见的品种有爬山虎、使君子、茑萝等，这类植物具有良好的气候适应性，柔软并且攀缘性极强，是绿墙种植的较好选择。喜欢阴暗潮湿环境的爬山虎适应性极强，且不畏太阳直射，耐寒耐旱好养活，这类爬藤植物即使在冬季，位于徽州这类潮湿多雨的地区，也能持续处于半常绿或常绿状态。这些植物大多位于巷道间，不如家养绿植随时能得到打理，因此对环境的适应能力强是这类植物的共性，同时还能抵抗空气中的有害气体，如二氧化硫、过氧化氢等，能吸附空气中的灰尘。因此，在祠堂建筑旁建造绿墙不仅能丰富临巷立面，而且对建筑周边微气候和空气质量能起到很好的调节优化作用，可以置换空气、软化空间，形成视觉引导。

徽州地区常在隔墙上开花窗作为点缀。祠堂建筑旁的巷道空间通常较为狭小，街巷两侧均为白墙，大面积的实白墙加上狭窄高耸的视觉冲击，会在一定程度上降低环境舒适度，为软化巷道空间冗长的体验感，常在其临道实墙上开花窗，同时将巷道中的穿堂风引入各户建筑中去。花窗根据镂空填充材料分为两种类型，一种为青瓦花窗，即以青瓦为原材料建造的花窗，主要是利用青瓦的形状特性，为方正的窗洞添加优美的弧线及增强建筑的装饰美感，常在窗洞中组合成各种柔和的曲线形状，如铜钱币图案状和鳞纹图案状等（图5-11）；另一种为砖石漏窗，用砖石材料打造花窗镂空，一般用在面积较大或装饰形状较为复杂多变的花窗中，一方面在造型上可实现雕刻多样，另一方面不会使墙身显得过于轻薄，既通透又不失稳重（图5-12）。与此同时，根据形状区分，花窗又可表现为方窗、圆窗和异形窗等。徽州地区砖石漏窗偏多，传统花窗形式多

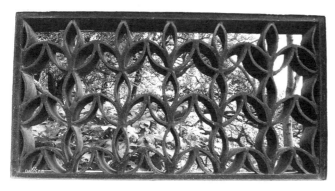

图 5-11 青瓦花窗

（图片来源：作者自摄）

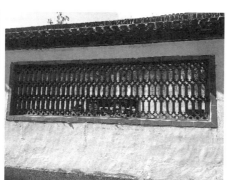

图 5-12 砖石漏窗

（图片来源：作者自摄）

样，雕刻样式丰富有趣，为狭小的巷道空间增添了通透感，墙与窗虚实相生，灵动通透。

5.2 建筑空间的营建技术

徽州祠堂的建筑空间主次分明、尺度适宜、尊卑有序，空间层次感极强，空间序列沿着主轴纵深展开，每一进空间在尺度、宽度、高度上都体现着长幼有序、男女有别的观念，整座建筑有着强烈的节奏感，从门楼至前天井到享堂，再到后天井随后步入寝堂，一进高于一进，寓意步步高升；从开敞大气的享堂到庄严肃穆的寝堂，过渡的天井空间穿插其中，呈现着光影与尺度的变幻，随着中轴线的不断深入，表明身份等级的步步提升。

在工整严明的空间中蕴藏着许多传统建筑营建思想，用绿色的营建智慧将祠堂建筑的空间表达最大化，结合实地考察，从外部空间、主体空间和过渡空间三个方面对其中的绿色营建智慧进行挖掘与研究（表5-4）。

5.2.1 借景穿透的前院空间

徽州地区祠堂建筑大多将厅坦空间作为前期引导空间，但也存在一些小型祠堂建筑厅坦较小或没有，尤其是女祠，相较于男祠来说规模与气派相对较弱，如棠樾村的清懿堂（女祠），棠樾鲍氏二十四世祖鲍启运因"家祠旧奉男主，未附女主，遗命其子有莱重建女祠"[27]，其前院空间是由低矮围墙围合而成的小型空间，被纳入建筑内部环境之中形成引导空间。受传统封建思想与文化的影响，女祠整体结构相对紧凑，祠堂入口位于侧面，以示与男祠的差别，北墙上开有漏窗，不仅提高了南北向内外空气的流通，同时在视觉上起到了一定的软化作用，

主辅相生的空间营造智慧技术　　　　　　　表 5-4

空间类型	营造特点	具体做法示意图	代表案例	案例实景图
前院空间	借景穿透，延伸视野	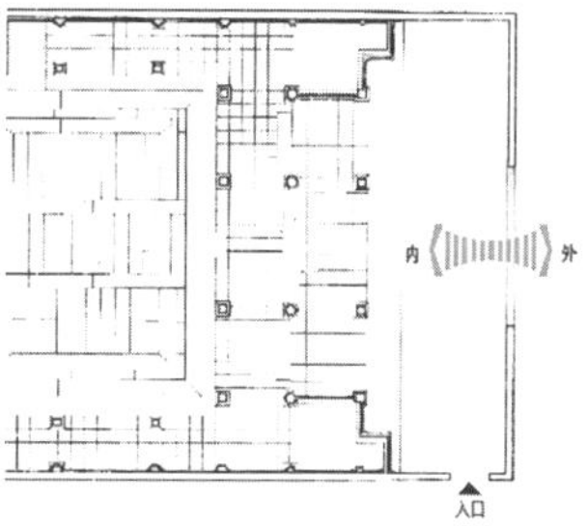	歙县棠樾村清懿堂	
天井空间	多功能改善建筑环境	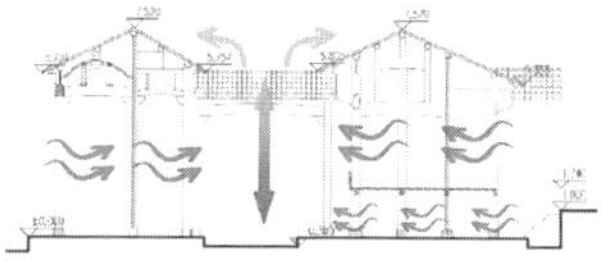	祁门县新安镇良禾仓顺本堂	
寝堂空间	视线优化	 繁／中／简  	黄山市徽州区呈坎村罗东舒祠宝纶阁	
景观节点空间	寓意美好，氛围营造	 高大／低矮 	绩溪县瀛洲乡大坑口村龙川祠堂	

资料来源：作者自制

运用借景手法扩大了空间感。祠堂入口空间虽不大，但氛围营造充分。

5.2.2 多功能改善环境的天井空间

天井空间是徽州地区极具代表性的过渡空间，被称为"最

活跃的元素"[23]，在建筑中与主体空间相互映衬（表5-4）。天井承载着排水、采光、通风等多种功能，在土地资源较为紧张的徽州地区成为必不可少的重要元素。天井空间将自然与建筑巧妙结合，充分呼应了"天人合一"的自然观[28]，起到了节能减排、调节环境的积极作用。

天井空间即建筑和周围连廊、墙体围合而成的空间。由于祠堂建筑的使用特殊性，仪门、享堂以及寝堂与天井连接的部分为开敞式，为举办祭祀活动或其他相关仪式提供足够大的场地。由于徽州人大多是由中原避难而迁入的，后因从商致富经常外出，因此民居都建起高墙高窗，以利于防火防盗，祠堂建筑也是如此。作为祠堂建筑中采光通风面积最大的过渡空间，天井四周的屋檐向内倾斜，将四周空间向内聚拢，形成一定的向心感，在宗族文化的影响之下，祠堂建筑信仰氛围的营造随之形成，人立于天井之中，青天厚土，前有神明后有祖宗家规，营造出了一种祠堂建筑应具备的空间氛围，找到了对家族的敬畏感与归属感。

受徽州地区自然环境和地域文化的影响，同时考虑建筑本身的特性，祠堂大多开窗皆为小窗，墙体也较为厚实，因此祠堂建筑在采光和通风上有一定的局限，而天井空间解决了这些矛盾，且对环境起到了缓冲调节的作用，并且与厅堂贯通开敞，没有墙体或隔板等遮挡物，加强了空气流动，形成了良好的热压通风条件，循环输入新鲜的空气（表5-4）。如图5-13所示，通过对比模拟有无天井的建筑室内风速环境情况可知，有天井的室内风速整体大于无天井的室内风速。模拟表明，天井空间能加快室内空气流动，优化建筑室内风环境。

通常外部聚落排水系统也是通过天井空间连通处理的，天井空间一般分为两种营建形式：其一，排水沟式天井空间（图5-14）。天井内地面多以石材为主，建筑檐口下地面平均宽

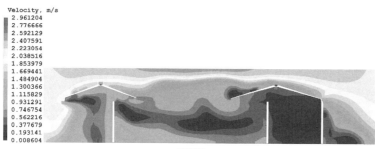

a 有天井

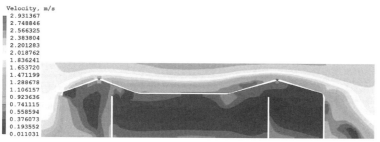

b 无天井

图 5-13 有无天井室内风速对比图

（图片来源：作者自制）

30cm 左右部分下陷，形成排水沟，沟内设置排水口通道，雨水滴落下来通过排水口流入总排水系统，再汇入周围河流，形成活水系统。祠堂建筑常通过屋顶瓦进行无组织排水，屋檐滴水垂直方向对齐下部凹陷明沟，并与室内平面设有高差[29]；其二，水池式天井空间（图 5-15）。此形式的天井中间本身就是水池，兼有储水、排水、消防等功能，同时也作为中轴景观，

图 5-14 享堂排水沟式天井空间

（图片来源：作者自摄）

图 5-15 寝堂水池式天井空间

（图片来源：作者自摄）

分流祭祀人员，水池常出现在寝堂部分的天井处，例如婺源县思口镇西冲村俞氏祠堂的享堂前方天井和寝堂前方天井空间分别属于排水沟式和水池排水式。因祠堂整个祭祀活动仪式规矩较复杂，物品的摆放及祭祀的人员也较多，享堂是祠堂建筑中占比较大的空间，由此前天井面积也较大，排水任务也较重，所以采用排水沟式排水既节约场地空间，又能高效排放大量雨水；而寝堂比享堂面积小，天井规模也小，且采光较差，这种处理方式是为了方便祖先在后寝中休息，也是为了营造祭祀的神秘感和神圣感，因此水池排水更符合其空间特性的要求。

5.2.3 视线优化的寝堂空间

作为徽州建筑中极具特色的公共建筑之一，祠堂建筑在徽州传统聚落里占据核心地位。祠堂建筑是举办大部分祭祀活动的主要场所，寝堂作为主导空间，其营造也就显得极为重要。彩绘在祠堂中大量出现，不仅有装饰作用，也存在视觉矫正的用途。黄山市徽州区呈坎村罗东舒祠的宝纶阁内，月梁上的彩绘和梁底的纹饰相连接，图案与梁的形状相结合，在空间上明显提升了视角效应（表5-4）[30]。通过水平视角分析，如图5-16所示，站在天井的中心，在水平正视范围内，人眼可看范围为正向120°角，其中正视30°角范围内，会给人清晰的视觉画面和信息，60°角内是刚好清晰的范围。在罗东舒祠的后天井中心正向120°角刚好可以将横向看全，且60°角刚好对准中阁的三开间范围，视觉焦点便顺其自然地落在中阁处[30]，因中阁是放置祖宗牌位的主要位置和祭祀的主要空间，所以宝纶阁明间内梁上彩绘较其他部位更为丰富[30]，这样具有节奏性的彩绘使建筑在同等空间大小内进一步突显了空间的主次关系，也能在一定程度上吸引参与者的主要视觉，不仅节约建筑空间，更在一定程度上节省了对主要空间营造所需的建筑材料。

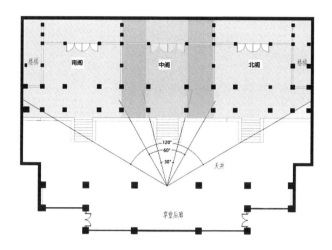

图 5-16 宝纶阁水平视觉分析图

（图片来源：黄成，纪立芳.制度、空间与图像：徽州宝纶阁彩画艺术考析 [J].装饰，2019（10）：76-79.）

5.2.4 氛围营造的景观节点空间

　　祠堂建筑作为徽州传统村落中的重要景观节点和核心建筑，对村落其余景观要素具有引领作用。就村庄整体规划而言，祠堂作为村落中重要的枢纽单元，其自身就是一道独特的人文景观节点[31]，它通过精美繁复的装饰和景观营造来烘托建筑的整体氛围，使其成为整个村落布局上的高潮，硕大的门楼和精美的雕花都对祠堂建筑起到氛围营造的作用。为营造出庄严肃穆的氛围，祠堂周围及内里通常会种植不同高度和大小的绿植（表 5-4），其中多种植一些高大乔木以彰显其庄严，例如松柏、白皮松等，也会种植些许红果树装衬，此树姿势优美，春花雪白，秋果红艳，富有吉祥如意、富贵红火的寓意。总而言之，这样特殊的公共建筑，通过各种装饰手法营造景观节点来进行视觉和心理上的建设，达到了营造建筑庄严肃穆氛围的效果。

5.3 建筑构造的营建技艺

5.3.1 以开洞镂空为主的空气流通技术

为了解决徽州建筑外墙多开小窗对室内通风有一定影响这一问题，聪明的徽州人民在祠堂建筑内部多处设置镂空隔板，既起到了空间分割的作用，又能解决空气不流通的问题，这是徽州地区祠堂建筑较为常见的营建手法。部分祠堂还出现了在外墙较高部位设置小型通风口的做法，例如黄山市歙县许村镇许村观察第的八字门楼的侧墙上方，开设了如意样式的通风口来加快空气流通（图5-17）。

建筑内镂空隔板巧妙地减少了室内通风和温度的不利影响，其镂空部位大多集中在隔板上方，民居的一般集中在梁上，祠堂建筑由于总体层高较高，镂空部位一般设在铺作间、门扇上、屋脊下和梁上或梁下处（图5-18）。镂空的部位可将上升的热空气迅速排到室外，实现室内冷热空气分层与循环，创造适宜的室内环境。

图 5-17 八字门楼侧墙上的通风口

（图片来源：作者自摄）

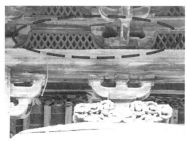

a 徽州祠堂建筑铺作间镂空隔板　　b 徽州祠堂建筑门扇上镂空隔板

c 徽州祠堂建筑屋脊下镂空隔板　　d 徽州祠堂建筑梁上镂空隔板

图 5-18　镂空隔板

（图片来源：作者自摄）

如图 5-19 所示，通过软件 Phoenics 模拟出祠堂内部屋脊下和梁上两处在镂空与实心两种情况下祠堂内部的风速情况，对比分析可知：用镂空隔板的祠堂其内部的平均风速比用实心隔板的大，且风环境情况较好，空气流通较快，由此说明祠堂内部隔板的镂空处理可以加强室内风速和空气流通，对改善室内风环境起到了积极作用。

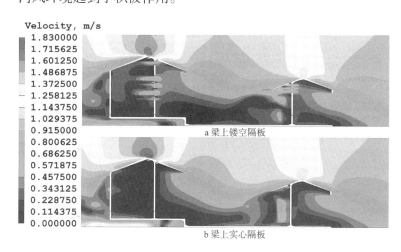

图 5-19　镂空与实心隔板室内剖面风速对比图

（图片来源：作者自制）

5.3.2 以八字门楼为主的通气聚风技术

门楼作为祠堂建筑的门面,其气势宏大、形式多样。

按立面形制分,传统门楼大多呈屋宇式,也有些许为牌楼式。屋宇式门楼是由一层或多层单坡屋顶组成,有形成三凤或五凤楼的,也有较为朴素的单坡屋檐,如宣城市绩溪县瀛洲乡大坑口村的胡氏祠堂和上饶市婺源县江湾镇汪口村的俞氏祠堂便是典型的屋宇式门楼(图5-20);牌楼式门楼则是将起翘屋檐及部分构造嵌入外部墙体内,与外墙融为一体,例如休宁县商山镇黄村进士第和婺源县思口镇西冲村的俞氏祠堂都是典型的牌楼门(图5-21)。从立面形制上看,八字门楼的门洞面积比一字门楼大得多,空气流通的面积也就相对较大。

按平面形制分,传统门楼可分为一字门楼与八字门楼两种。一字门楼是外墙与门洞在一条线上,而八字门楼则是在入口门洞处向内退让几分,形成两侧八字侧墙,从而平面呈八字状。如图5-20和图5-21可以看出:受立面形式的影响,八字

图5-20 屋宇式门楼
(图片来源:作者自摄)

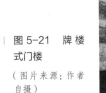
图5-21 牌楼式门楼
(图片来源:作者自摄)

门楼大多出现在屋宇式门楼中，而一字门楼则普遍出现在牌楼门楼中，其中八字门楼不仅造型独特，在物理环境中还起到了通气聚风的作用，加快了祠堂建筑内部和外部的空气循环流通，从而改善建筑内部的风环境。

由模拟图 5-22 可看出，在同等风速范围的情况下，八字门楼门厅及前后天井中的风速整体比一字门楼的大，空气流通性较好，此种门楼构造形式不仅能加快门楼及门厅处的风速，亦能提高享堂与天井间的风速，增加祠堂内外空气的流通性。

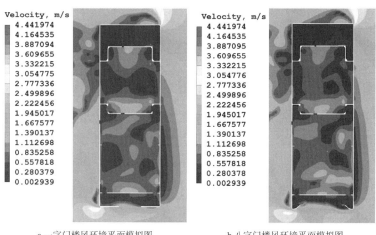

a 一字门楼风环境平面模拟图　　b 八字门楼风环境平面模拟图

图 5-22　一字门楼与八字门楼祠堂平面风速对比图

（图片来源：作者自制）

5.3.3 以扩大采光为主的天然引光技术

徽州地区祠堂建筑受建筑性质及使用功能的影响，其内部空间进深和开间较大，因此如何巧妙引入自然光线、扩大建筑内部采光显得尤为重要。智慧的古徽州人民创造了以门窗镂空和建造梯形窗洞为主要形式的营建方式，在尽可能不消耗能源的情况下充分利用自然资源，为建筑争取更大限度的采光面积。

首先，徽州地区祠堂建筑的门窗大多以雕花镂空的形式来应对建筑内部空间较大导致的采光稀缺问题（图 5-23），其所

| 图 5-23 徽州传统门窗
（图片来源：作者自摄）

a 木雕　　　　　　　　　b 门扇

用材料常以木材居多。徽州地区山脉众多，盛产松树、杉树、樟树、檀树等地域木材[22]，因此主体承重结构、门窗、构件及家具等都是用各种木材制成，技艺卓绝的木雕技术在门窗上体现得淋漓尽致，一般格栅门镂空较多，在分割空间的同时起到通风和采光的作用，镂空比例大多占到整体门扇的 1/2，有利于室内空气流通和阳光投射。

其次，徽州属于亚热带地区，建筑层高高于北方。对于徽州地区祠堂建筑而言，庄严而肃穆的祭祀建筑很少在建筑墙体上开窗，所以建筑内部采光较弱，为了增加建筑内部采光，部分徽州地区祠堂建筑会采用开梯形高窗的方式来处理。如图 5-24 所示，婺源县思口镇西冲村俞氏祠堂的侧墙上便有这样的梯形侧高窗，外小内大，能将投射进来的阳光四散，起到放大光源的作用。由图 5-25 可以清晰看出，梯形侧高窗的窗口巧妙地增大了阳光入射角度，在同样的外洞口大小情况下，内部倾斜的墙面相较于普通窗户平直的窗口能有效增大阳光射入室内的面积。

与此同时，用 Ecotect 软件模拟对比梯形窗与常规直角窗的光照情况，通过分析整体建筑内部采光系数布局可见，由于天井大面积引光，两者的建筑内部采光情况大体类似，但

图 5-24 梯形侧高窗
（图片来源：作者自摄）

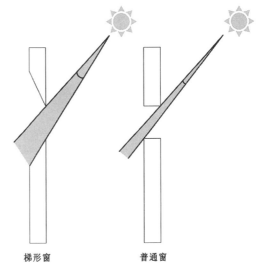
图 5-25 梯形窗与普通窗阳光入射角度对比图
（图片来源：作者自制）

在同等光照环境下，采用梯形窗的祠堂建筑窗周采光系数比采用常规直角窗的窗周采光系数普遍都大，且大多集中在 50% 左右，而采用常规直角窗的祠堂建筑窗周采光系数则存在部分 0~40% 的渐变情况，同时梯形窗有增强廊道部分采光时长的作用（图 5-26）。

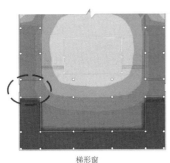
梯形窗

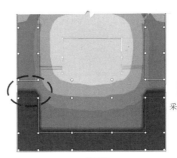
普通窗

采光系数

图 5-26 梯形窗与普通窗采光模拟分析对比图
（图片来源：作者自制）

5.3.4 以隔层夹层为主的保温隔热技术

受地方自然气候环境影响，徽州地区传统建筑在保温隔热上的营建技术智慧主要包括铺设望砖、架设双屋顶和砌筑空斗墙体。

望砖，即屋顶椽子上常盖薄砖，砖上为瓦，做法上与其他地区不同的就是多了一层薄砖（表5-5），当地居民说在屋顶部分加薄砖是为了保温隔热，此种特制的薄砖既能调节室内温度，防止透风和落尘，也能使屋顶保持平整洁净。

徽州地区祠堂建筑大多建造成双屋顶，易于形成空气夹层，起到保温隔热的效果。内层屋顶采用双坡和轩棚相结合的形式，外层屋顶大多为双坡屋顶（表5-5），拱形的顶棚在一定程度上也起到了聚声的效果，在高度较高的地方可以调节声

保温隔热处理智慧技术　　　　　表5-5

智慧技术	营造方式	具体做法示意图	案例实景图
望砖	椽子上盖薄砖，砖上为瓦	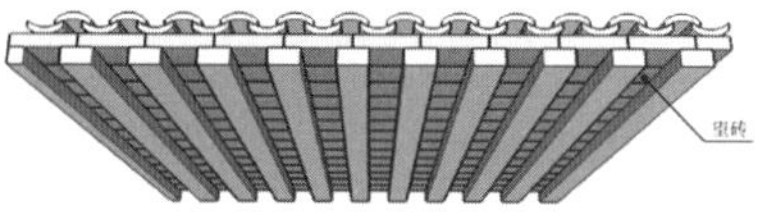	
双屋顶	用短柱架起内外两层屋顶，形成夹层空间	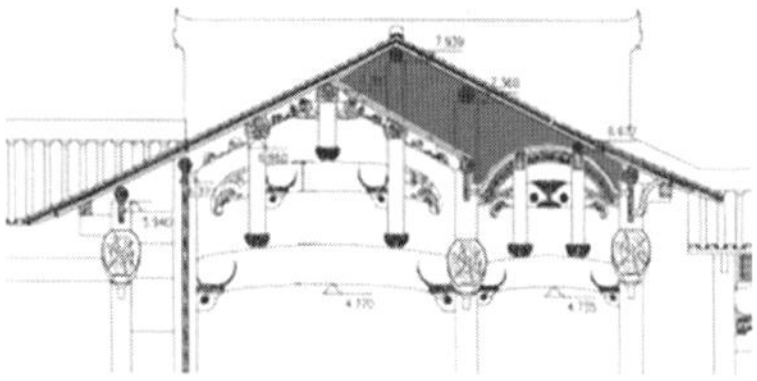	
空斗墙	以独特的砌筑方式将墙间形成不同大小的夹层空间	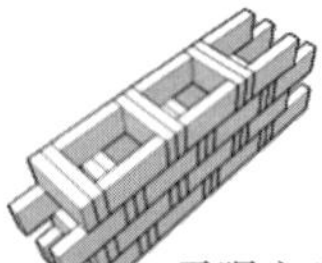 无眠空斗 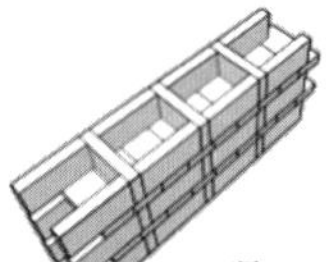　一眠一斗 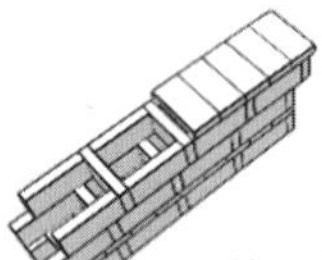　一眠二斗 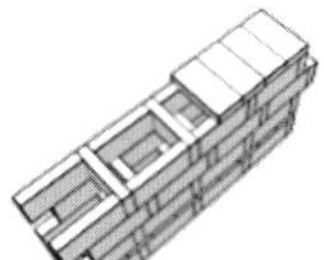　一眠三斗	

资料来源：作者自制

音，同时降低因室内过高的层高带来的不适感，例如祠堂建筑中的享堂屋顶部分略显高耸，双屋顶的设计优化了尺度感和视觉体验。

在围护结构中，徽州地区墙体砌筑方式多为空斗墙，也有采用灌斗墙、单墙等其他砌筑方式[32]。空斗墙的砌筑一般包括无眠空斗、一眠一斗、一眠二斗和一眠三斗几种形式（表5-5）。有学者对空斗墙的热工性能进行了计算，得出空斗墙比实体墙的热稳定性强，保温性能好，更有利于节能，如果将空斗墙中间的空气层填上黄泥，那么墙体的保温隔热效果则会更强[33]。

5.3.5 以恒温气流为主的调温空调技术

在徽州地区祠堂建筑中，人们常常在享堂隔栅后的廊道地面上设置50～60cm见方的窨井，井盖多为一块带钱孔、约20cm见方的石盖板[34]，窨井多落在祠堂建筑的中轴线上（图5-27），有些也存在于天井之中或建造于享堂内部。这种窨井一般存在两种构造形式：其一，管井常与天井阴沟或其他各种管道相通，有的设在天井里承担一部分排水功能（图5-28b）。打开盖板，窨井常常在满足排水需求的同时，利用地下常年恒温的气体与地上气体进行对流，达到冬暖夏凉的效果，调节建筑微气候；其二，也有一些管井与祠堂内部的水井相连，或

a 开盖细节　　　　b 坐落祠堂建筑中轴线上

图5-27　土空调

（图片来源：作者自摄）

者直接在其下方挖井，深井常年保持低温，炎夏时节打开石板盖，凉气涌出，与堂间热空气形成温差对流，能够在一定程度上降低周边温度，保持空气舒爽（图 5-28a）。当地人称此构造为"土空调"或"地气空调"，对于夏热冬冷的徽州地区来说，夏季能有这样的"土空调"可以调节温度且节约能源，这种调温智慧十分值得学习借鉴。

a 与水井相连　　　　　　　　b 与天井阴沟相连

图 5-28　土空调管井的连接方式示意图
（图片来源：作者自制）

受传统思想影响，由于石板盖中间圆形酷似铜钱，因此被当地人称为"钱眼"，当人们跨过门槛，男左女右踩到"钱眼"时，也寓意着财源广进，有着"脚踩财源门，富贵一生"的美好寓意。

5.3.6 以建筑四防为主的特殊构造技术

（1）底层架空的防潮智慧

徽州地区祠堂建筑底层常采用增设通风口的处理方式，无论民居还是公共建筑常在底层做短柱架空，然后在四周石材围合的短墙上开小洞，即通风口，以加强底层地板的通风，减少对建筑材料和人体的损伤（图 5-29）。通风口多为圆形，造型多样，其中万字纹和古钱的形状较为常见，还有类似盘长状和

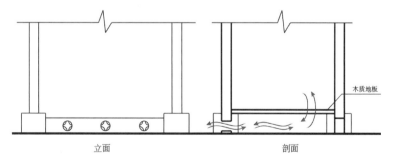

图 5-29　通风口原理示意图
（图片来源：作者自制）

立面　　　　　　　　剖面

一些具有福禄寿喜之谐音的动植物图案等，表达了向往美好生活的积极寓意（图 5-30）。这些充满智慧的传统营建技艺充分彰显出节约能源的绿色建筑技术。

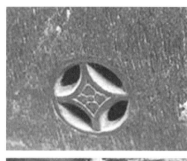

图 5-30　通风口

（图片来源：作者自摄）

祠堂建筑内通风口常设置在封闭空间或隔间的下方。选取祠堂建筑享堂两侧的厢房进行有无设置通风口的内部风环境模拟（图 5-31），开设通风口的空间内风速明显比无通风口的平均风速要高，架空部分空气流通相对较快，有通风口的建筑内部风速最大能达到 0.89m/s 左右，且覆盖面积比无通风口的大。

综上所述，在祠堂建筑内设置通风口是十分必要的，不仅能对建筑内部风环境起到一定的调节作用，还能加快架空层的通风速度，快速带走水分与潮气，达到防潮除湿的效果。

（2）檐瓦引流的防水智慧

堪舆学说认为水即财，引水聚中即为聚财家中，因此如何巧妙地排水引水十分重要。仰合板瓦的铺设方式、瓦当与滴水

图 5-31 有无通风口的风速对比图

（图片来源：作者自制）

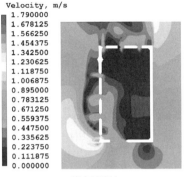
a 存在通风口

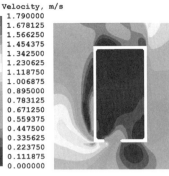
b 无通风口

的结合以及屋檐出挑的做法均是徽州地区祠堂建筑排水引流较为普遍且高效的传统处理方法。

其一，是独具特色的仰合瓦铺设方式。一正一反相互盖压的排列方式是徽州青瓦常见的铺设方式，由此得到"仰合瓦"之称，由于其底层向上仰铺，随后正盖一层，正反相间，互相咬合，能促进雨水快速流下，且不易渗入屋内，因其铺设方式远观犹如笑脸，也称为"笑瓦"（图 5-32）[35]。

其二，常在檐口安置引流防蚀的瓦当和滴水。瓦当的作用是防止雨水倒灌，滴水则配合瓦片引导雨水落地，这样一来可以有效防止雨水对檐椽的侵蚀，阻止雨水渗入屋内，二来防止雨水对建筑物台基的冲刷区域过宽，保证从屋顶流下的雨水只落在屋檐顶正下方的有限区域内，从而较好地保护台基平整和墙基稳定，减少雨水的侵蚀面积，延长建筑的寿命（图 5-33）[36]。

图 5-32 仰合瓦

（图片来源：作者自摄）

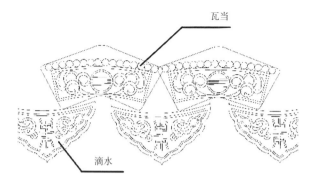

图 5-33 瓦当与滴水详图

（图片来源：作者自制）

其三，增加屋檐的出挑距离。屋檐出挑较大能有效防止雨水飘入室内，有效地解决建筑防雨水的问题。如图 5-34 所示，雨水从屋顶流入天井中，天井的地面由青石板铺筑，雨水可以通过青石板之间的缝隙或天井角上的排水口将雨水排出院内。

以上三者的作用均为促进排水落雨，保护屋檐，不让屋顶及以下部位的结构损坏。从使用价值上，仰合瓦连接瓦当、滴水完成了自由排水的完美配合，小小的构件也能起到强大的作用，屋檐大大出挑，扩大檐下面积，防止雨水飞溅至建筑内部空间；从美观上来讲，连绵起伏的瓦面凹凸相间，给建筑增添了不一样的肌理感，同时精细雕刻各种纹样的瓦当与滴水排列整齐，韵律感十足，出挑的屋檐增加了建筑中的灰空间，为光影变化增加了些许变幻乐趣。以上排水引流的技术既能体现祠堂建筑的地位，也能提升建筑本身的艺术价值，是不可多得的

图 5-34 屋檐出挑雨落区域示意图

（图片来源：作者自制）

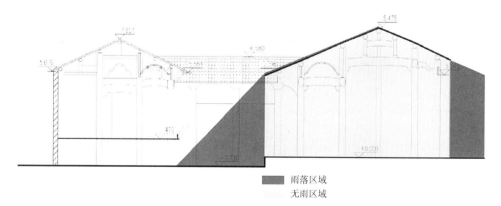

传统营建智慧。

（3）细砂夹层的防火智慧

传统建筑中融合了许多防火理念，除了马头墙这种家喻户晓的防火结构外，楼板的处理也非常特殊。徽州地区的部分建筑楼板被设计成自动灭火构件，楼板承重基础还是木板，独特之处在于木板上铺了一层干细沙，细沙上再铺一层方砖，当火灾蔓延将木板烧毁时，细沙会自动掉落，起到灭火的作用，随后方砖也会掉落，进一步巩固灭火效果，实现建筑内部自动灭火。这样的防火智慧既节能又高效，在传统建筑的优化改造方面值得借鉴。

（4）隔水防蚁的防腐智慧

传统建筑常会因自然因素影响受到损伤，所以防腐对传统建筑本身十分重要，祠堂建筑当然也包括在其中。徽州地区祠堂建筑因自然因素影响受到腐蚀损害的情况大多分为两种：其一是真菌类腐蚀，其二是蛀虫类腐蚀，徽州地区白蚁危害尤为明显，要防止这样的建筑损伤，最重要的就是做好防潮与排水处理，其传统应对之策主要分为如下三种：

第一，祠堂建筑应具备高效适宜的排水系统，以防止地上与地下水对建筑本身结构的破坏。白蚁具有极强的亲水性，依赖水体生存，为防止白蚁侵害需尽可能将木构件的水分吸收，将其湿度保持在最低值，首先便是阻止建筑漏水，减少水分的进入量，其次就是将木质构件与地面隔开，加入柱础，用石材隔离。

第二，在祠堂建筑营建过程中，应选用抗蚁性较强的木材或其他地域建筑材料，来增加建筑自身对白蚁的防御能力，降低白蚁的生长条件，这类技术措施可主要从屋面、墙体地基、各类变形缝和木构件等的设计中考虑。

第三，在古代，传统建筑建造完成后，会选择在承重木柱上涂抹砒霜类物理药物，用来灭杀蛀虫，保证承重结构不会受到巨大伤害。

5.4 建筑材料的营建技艺

在传统建筑的建造过程中，人们十分重视建筑材料性能的发挥，特别在祠堂建筑中，传统建筑材料的运用更加广泛。

5.4.1 以耐候性材料为主的耐久防腐技术

由于徽州地区常年雨水较多，因此徽州建筑材料的耐久防腐显得尤为重要，其中石材、青瓦等材料展现出应对气候环境的适应性特征。同时，古人发明了很多材料混合在一起的特殊铺地材料，此种材料耐久防腐，保留至今，因力学特性与自身特征的不同被用在不同的地方，表现出独特的艺术特点。

（1）石材

徽州地区传统建筑整体结构材料虽以木材为主，但柱础、基础等部分几乎都是石材，因徽州地区常年潮湿且雨水多，为了防止承重的木柱被腐蚀损坏，柱础常使用石材。徽派建筑中常用的石材是天然石材，是从当地山体沉积岩岩浆中开采出来的，结构均匀，质地坚硬，抗压强度高，远大于砖，常常有很大的尺寸，不宜高处作业，石材也表现出厚重坚实感，通常被作为徽派建筑的基座，承受来自上部的压力。如图5-35可知，为防止承重构件因雨水冲刷导致腐蚀损坏，靠近天井的一圈外廊柱柱身与柱础采用的都是石材，同时在天井的铺设中常采用石板铺地，而有屋檐遮挡的室内空间则铺设地砖。

柱础是石材呈现最为普遍的样貌之一。柱础不仅能反映建筑本身的属性，也能从侧面反映祠堂建筑的地位。例如歙县棠樾村的女祠清懿堂与男祠敦本堂中的柱础的大小、形式不一，很显然，男祠中的柱础体积比女祠中的大，且更厚实大方，女祠中的柱础则较为秀气[17]。而同一祠堂建筑内，根据柱子所在的位置不同，柱础的大小和雕刻复杂程度以及花样也是不同的，在柱础雕刻的复杂程度上，呈现明间＞次间＞梢间的趋势，体现了徽州传统建筑空间主次分明、严谨有序的特点（图5-36）。

图5-35 天井空间铺地及石柱图

（图片来源：作者自摄）

图5-36 祠堂不同柱础对照图

（图片来源：作者自摄）

（2）地砖

除了外部的石材地砖，祠堂建筑室内地砖的做法也是多样而独到的。据宏村当地居民介绍，室内地砖有一种做法是将桐油、石灰、糯米粥、猕猴桃树根和鸡蛋清按比例混合，这样制作出来的地砖坚硬结实，下雨天不会潮湿，能常年维持一定程度的干燥，这种巧妙应对地方气候的传统技艺是值得研究与学习的。

（3）青瓦

青瓦是徽州地区祠堂建筑随处可见的建筑材料之一，由本地黏土烧制而成，作为铺设屋顶的基本建筑材料。大面积的青瓦铺在屋顶上，与墙体共同形成"粉墙黛瓦"的艺术效果。青瓦的形状是根据需要制成中间弯曲的几何形态，从而便于排水和相互间的搭界，其较小的几何尺寸不仅减轻了重量，也便于在屋顶等高处进行施工。常见的青瓦大多20cm见方，小青瓦材料存在着许多种尺寸，例如300mm×240mm、240mm×200mm、200mm×180mm、180mm×180mm、180mm×170mm、160mm×150mm、110mm×100mm等几种不同的规格[37]（图5-37）。此外，徽派建筑的用瓦还有"雨瓦""瓦当""花头当"等，分别用于不同的位置。

图5-37 青瓦
（图片来源：作者自摄）

青瓦材料自身具有不透水性和很强的防水性能，传统建筑通过青瓦之间的相互搭接形成了一个完整的屋面防水体系，瓦片中间略作拱形，可做成上槽或下槽，既能避雨又有隔热的作用，因此无论从材料自身还是从材料的搭接组合运用而言，都可以起到防水的效果[37]。

5.4.2 以地域性材料为主的通风调湿技术

木材作为建筑材料有其独特的优势，在徽州地区，不仅做到了就地取材，还有通风调湿的作用。木材属于柔性材料，从力学特性来讲，其可塑性更强，抗压抗弯能力也相对良好，尤其在徽州这样的湿热地区，木材具备良好的通风效果，且传递热量的速度也较慢，十分适合建筑的建造。同时，木材具有调湿的特性,特别在环境湿度变化时,木材本身可以平衡含水率,吸收或释放一定的水分,直接缓解室内空间的湿度。实践证明,以木材为主要建筑材料营建的房屋,在夏季时可以营造比较凉爽、舒适的室内环境。

从力学角度来看,木材不仅具有很强的可塑性,其材料本身的可雕琢度也具有很大的发挥空间。如图5-38所示,木材可以雕刻出纹样精美的装饰雕画,同时能在门扇、隔板等处精细地打造细密的镂空样式,不仅美观,还能增强建筑内部空气的流通与采光[38]。如此强大的塑造弹性为此种材料创造了更多的可利用空间,木材成为徽州地区祠堂建筑不可或缺的重要地域材料之一。

5.4.3 以环保性材料为主的装饰节能技术

徽州地区祠堂建筑大多为木构架坡屋顶,空斗墙围护,整体呈现粉墙黛瓦的外观形象。作为外立面展现面积最大的部

图 5-38　木材的应用
(图片来源:作者自摄)

分，粉墙外部涂料十分值得考究，如图 5-39 所示，白垩通常被涂抹于墙体外部起装饰美化的作用，同时能保护墙体、减少损伤，很多柱子上也会用到此种涂料。白垩物美价廉，既能够在阴雨时防潮除湿，保护内部木结构，又能在烈日时反射阳光，起到降低温度的作用[23]。

图 5-39　白垩涂料

（图片来源：作者自摄）

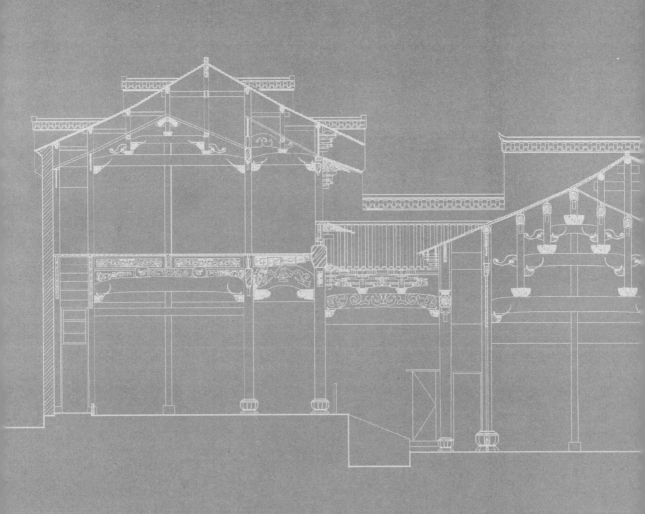

下篇

徽州祠堂建筑实录

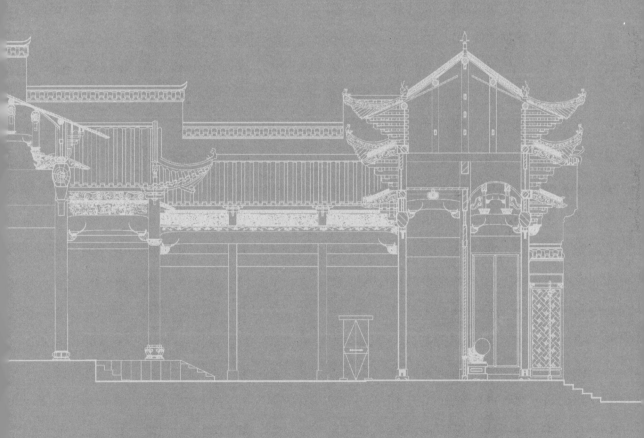

1 胡氏祠堂 - 绩溪

1.1 文化渊源

胡氏祠堂位于安徽省绩溪县瀛洲乡坑口村，现改名为龙川村。祠堂始建于宋代，明嘉靖年间由胡宗宪倡导捐资进行大修，清光绪二十四年（公元 1898 年）再次大修。多年来祠堂经历了数次修复，保存较为完好。1988 年，胡氏祠堂被列为全国重点文物保护单位。

胡氏祠堂为典型三进七开间布局，祠堂面积约 1271m^2。第一进为仪门空间，纵深而狭长，中间和两侧各为祠堂的正门和侧门，通常只有侧门可以通行。二进院为享堂空间，主要用于家族祭祀活动，其空间高大宽敞，等级规格较高。三进院为寝殿部分，共分为两层，下层供奉祖先牌位，上层存放物品。前后天井间隔设置。

胡氏祠堂以精美木雕而闻名，有着"木雕艺术之厅堂"的美誉。其门楼上的"九狮滚球遍地锦""九龙戏珠满天星"图案，以及千军万马的征战图，木雕荷花图等，雕刻手法细腻，故事题材新颖，为徽州木雕、徽州建筑艺术文化以及徽州传统历史研究提供了珍贵的资料和参考。

1.2 建筑测绘

仪门空间

面阔：21.22m

进深：2.68m

面积：56.87m²

建筑高度：8.86m

前天井空间

面阔：13.42m

进深：11.91m

面积：159.83m²

享堂空间

面阔：21.22m

进深：13.63m

面积：289.23m²

后天井空间

面阔：15.02m

进深：3.03m

面积：45.51m²

寝殿空间

面阔：21.22m

进深：3.28m

面积：69.60m²

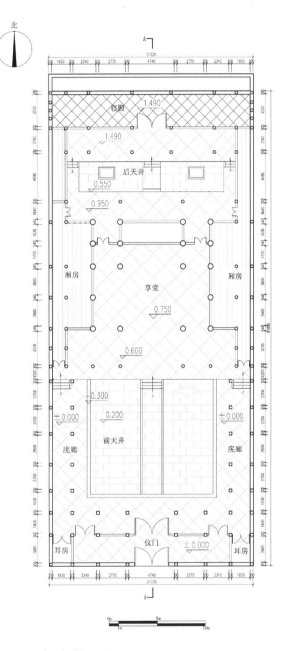

胡氏祠堂平面图

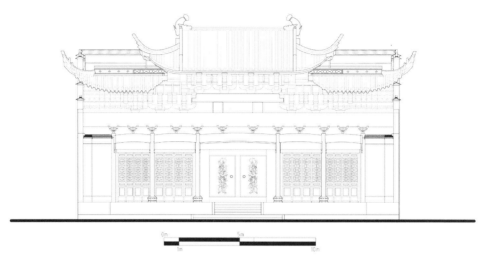

胡氏祠堂正立面图

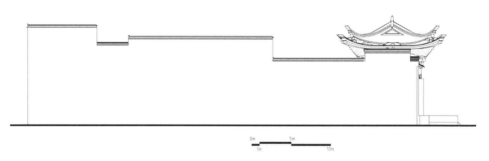

胡氏祠堂西立面图

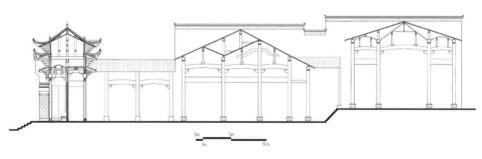

胡氏祠堂 A-A 剖面图

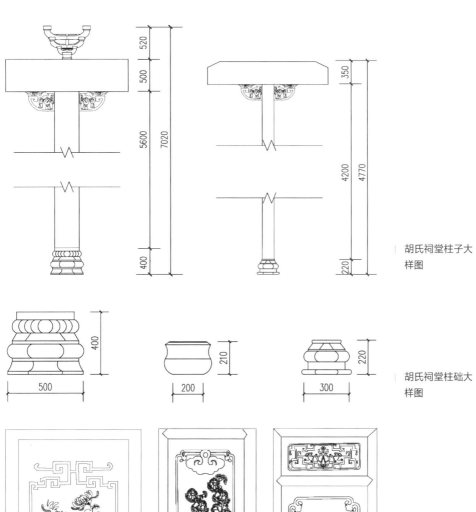

胡氏祠堂柱子大样图

胡氏祠堂柱础大样图

胡氏祠堂木雕大样图

1.3 艺术览胜

门楼

仪门后方

享堂

后天井

前天井

| 寝殿

| 木雕

| 石雕

| 雀替

| 柱础

2 大邦伯祠 - 歙县

2.1 文化渊源

大邦伯祠位于安徽省黄山市歙县许村镇东升村，始建于明嘉靖年间，它是许村现存历史最久、体量最大、保存最完整的古祠堂。大邦伯祠与大郡伯第、五马坊、大墓祠等建筑，同为祀奉纪念许氏东支始祖许伯升而建，仿照福建汀州知府衙门，又称"官厅"。大邦伯祠为典型的三进五开间，建筑面积约为1080m²。布局为"三路三进两明堂（天井）"，呈"日"字形平面，从前至后依次为仪门、天井（大）、享堂、天井（小）、寝室。祠前临街，置有广场，耗时七年完工。

大邦伯祠门楼两侧有八字墙，门楼与门厅之间较为狭窄，有廊庑和天井，清代曾作大修；一进天井宽敞，用花岗岩铺砌；廊庑都设有斗栱挑檐，有明代遗风；享堂保持明代原状，柱子为梭柱，采用复盆础，特别是前檐明间柱础为木质，较为罕见；享堂明间为抬梁式结构，稍间为穿斗式结构；后寝地势高出天井，有三跑石阶登临；阶沿有石栏板，后寝内设如意须弥座，保存明代原貌。

2.2 建筑测绘

仪门空间

面阔：18.00m

进深：5.69m

面积：102.42m²

建筑高度：5.85m

前天井空间

面阔：11.40m

进深：9.79m

面积：111.60m²

享堂空间

面阔：18.00m

进深：11.78m

面积：212.04m²

后天井空间

面阔：13.61m

进深：4.98m

面积：67.78m²

寝殿空间

面阔：18.00m

进深：9.90m

面积：178.20m²

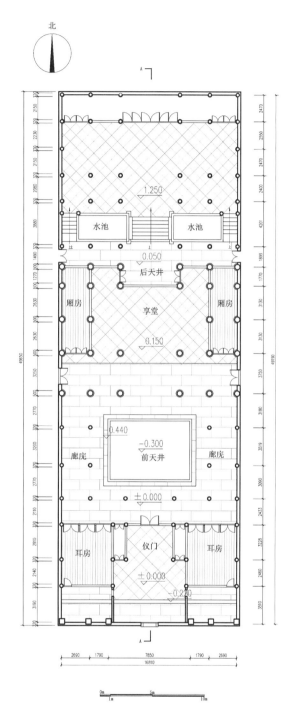

| 大邦伯祠平面图

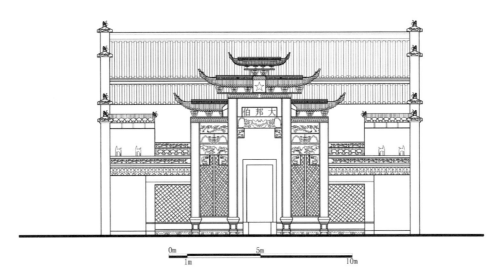

| 大邦伯祠正立面图

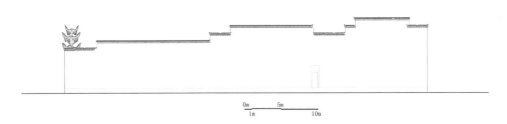

| 大邦伯祠东立面图

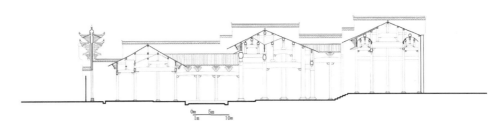

| 大邦伯祠 A-A 剖面图

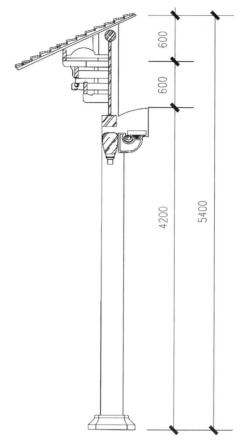

大邦伯祠柱身大样图

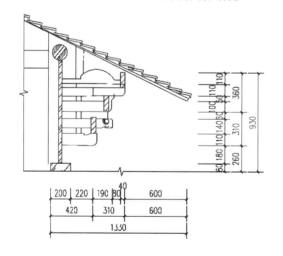

大邦伯祠斗栱大样图

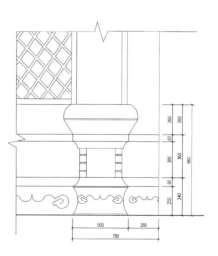

大邦伯祠柱础大样图

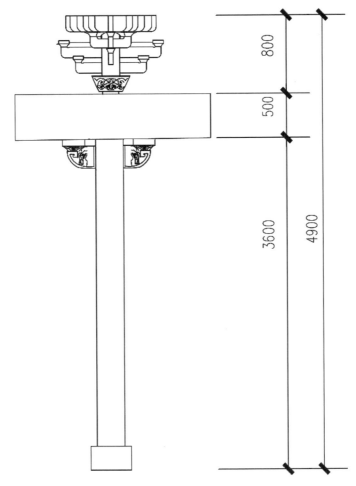

大邦伯祠柱身大样图

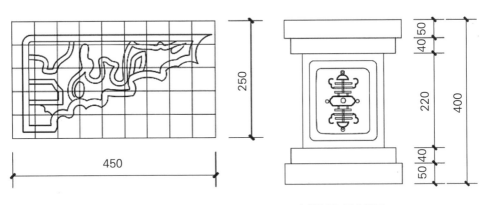

大邦伯祠木雕大样图

大邦伯祠石雕大样图

2.3 艺术览胜

门楼

廊庑

享堂

寝殿

享堂前檐

雀替

稍间

石雕

3 汪氏祠堂 - 黟县

3.1 文化渊源

汪氏祠堂坐落于黟县宏村北部，宏村在徽州的古村落中享负盛名，该村始建于南宋绍熙年间（公元1190—1194年），鼎盛于明清。全村以月沼为中心，背山面水，拥有完整的人工水系。宏村的徽派建筑具有悠久的历史和丰富的文化内涵，其中具有代表性的有南湖书院、乐叙堂等。

汪氏祠堂又称"乐叙堂"，建于明永乐元年（公元1403年），位于宏村村域中心，月沼的北侧，由汪氏76世祖汪思齐之妻胡重设计，是宏村唯一的一座宗祠建筑，历史悠久。祠堂有着维系宗族血脉重要作用，是祭祀祖先和先贤的重要场所。别名"乐叙堂"寓意"子子孙孙歌于斯，哭于斯，聚族于斯"。建筑整体由门楼厅、荫院、议事厅、享堂四个部分组成。其中的梁柱在祠堂中用料肥硕，总布柱70根，属"满堂柱"式，在祠堂中起重要的构造作用。祠堂中宋式的额枋、斜栱、丁头栱、雀替和梁架等构造兼具实用和美观。

3.2 建筑测绘

仪门空间
面阔：13.78m
进深：7.08m

面积：97.56m²

建筑高度：4.00m

庭院空间

面阔：13.78m

进深：11.57m

面积：159.43m²

前天井空间

面阔：9.46m

进深：9.81m

面积：92.80m²

享堂空间

面阔：9.46m

进深：11.55m

面积：109.26m²

建筑高度：7.15m

后天井空间

面阔：9.46m

进深：3.40m

面积：32.16m²

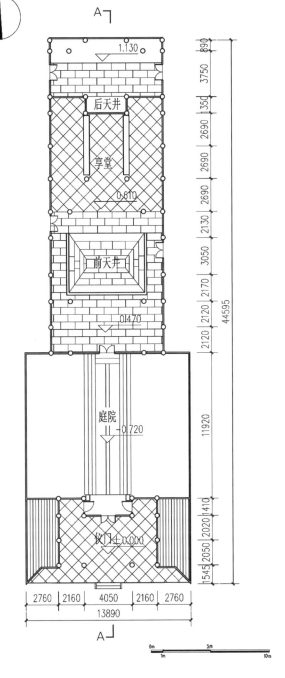

| 汪氏祠堂平面图

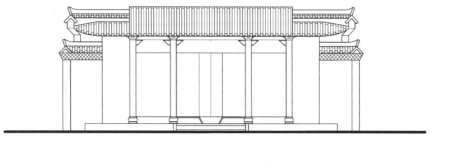

| 汪氏祠堂立面图

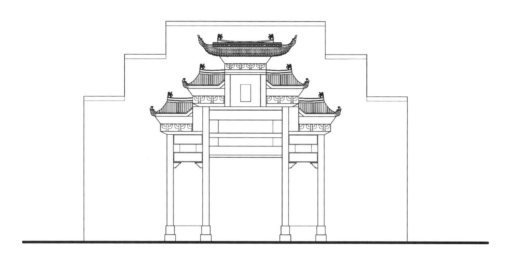

| 汪氏祠堂门楼立面图

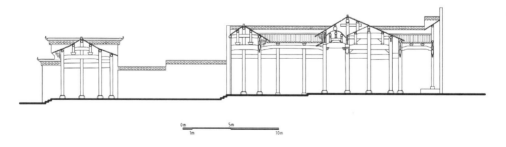

| 汪氏祠堂剖面图

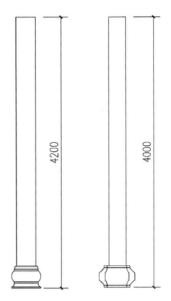

| 汪氏祠堂柱身大样图

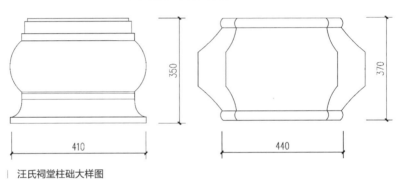

| 汪氏祠堂柱础大样图

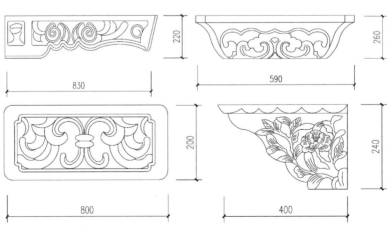

| 汪氏祠堂雕刻大样图

3.3 艺术览胜

| 远景

| 月沼

正门

庭院空间

门楼

前天井

享堂

后天井

木雕门

雀替

| 柱础

| 石雕

| 屋顶结构

| 屋顶结构

| 冷巷

| 门匾

4 贞一堂 - 祁门

4.1 文化渊源

贞一堂位于安徽省黄山市祁门县渚口乡渚口村。因渚口是倪氏贞一堂支派，故得其名。始建于明朝，其间经过多次重建，最后一次重建于公元1915年。贞一堂规模宏大、用料精良、细节饱满，现为安徽省重点文物保护单位。

祠堂位于村落中央，坐北朝南，三进七开间，面积约为1200m²，前后分别为仪门、前天井、享堂、后天井、寝殿。堂内有108根柱子，有"三十六天罡，七十二地煞"之意，被称作"徽州民国第一祠"。为鼓励子孙奋进向上，祠堂门前整齐排列了18对旗杆石，分别雕刻"乡试举人""进士第"等字样，用以记录倪氏子孙所得功名。后天井左右两侧各有天池一个，四周分别雕刻有雁落荷花、鲤鱼喷月、松柏常青等图案，雕刻手法细腻，图案精致。

4.2 建筑测绘

仪门空间
面阔：14.98m
进深：3.30m
面积：49.43m²
建筑高度：7.30m

前天井空间

面阔：11.64m

进深：14.14m

面积：164.59m²

享堂空间

面阔：19.17m

进深：8.87m

面积：170.04m²

后天井空间

面阔：12.60m

进深：3.45m

面积：43.47m²

寝殿空间

面阔：19.17m

进深：7.01m

面积：134.38m²

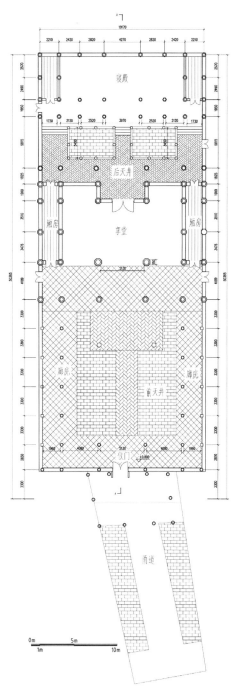

| 贞一堂平面图（A-A 剖面）

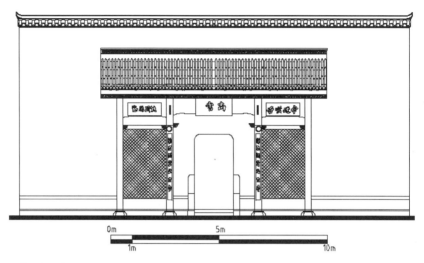

| 贞一堂正立面图

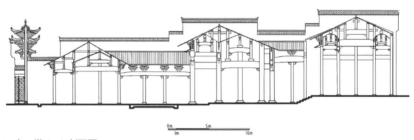

| 贞一堂 A-A 剖面图

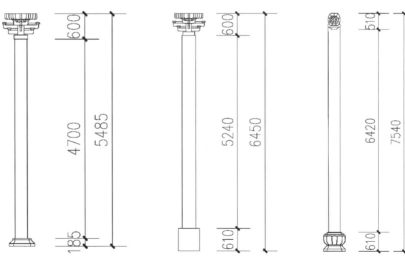

| 贞一堂柱身大样图

4.3 艺术览胜

仪门

前天井

享堂

后天井

寝殿

斗栱

木构架细部

柱础1

柱础2

柱身

石雕1

石雕2

5 进士第 - 休宁

5.1 文化渊源

黄村进士第位于黄山市休宁县东洲乡黄村,为明代嘉靖年间黄村族人为纪念本族进士黄福所建,距今已有 400 多年的历史,后改为黄家祠堂。该建筑于 1986 年 7 月被列入安徽省重点文物保护单位。现存的进士第建筑按照南北轴线展开,其面宽为 15.5m,进深为 51m,建筑的脊高为 12m,总建筑面积约为 790m²。建筑前后总共有四进,依次为门楼 - 门屋 - 享堂 - 寝楼。但在寝楼后又加一天井,并在后天井的垣墙上增设假门楼,使得进士第整体在轴线上形成进深为五进的格局,每进庭院两侧均有廊庑相连。

作为徽州祠堂建筑的代表,黄村进士第虽然经过岁月的洗礼,但其展现在世人面前的建筑历史与文化价值依旧熠熠生辉。技术精美的门楼石雕,由简至繁的柱础样式,完美表现的四水归堂,精美细致的立面处理,沾满青苔的石板路,无一不展现了黄村进士第的独特魅力。

5.2 建筑测绘

仪门空间

面阔:18.64m

进深:4.59m

面积：83.44m²

建筑高度：6.07m

前天井空间

面阔：13.40m

进深：4.77m

面积：63.94m²

享堂空间

面阔：18.16m

进深：7.19m

面积：118.47m²

后天井空间

面阔：12.88m

进深：3.50m

面积：45.08m²

面阔：18.16m

进深：7.58m

面积：121.30m²

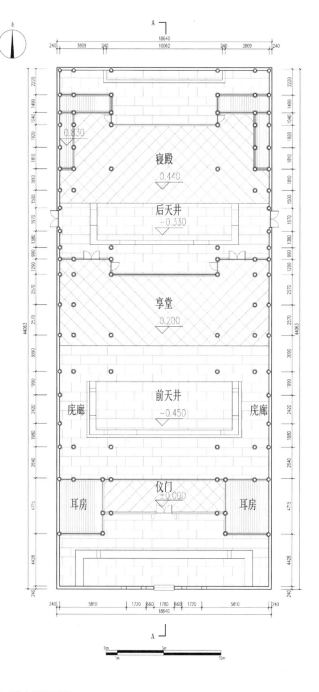

| 进士第平面图

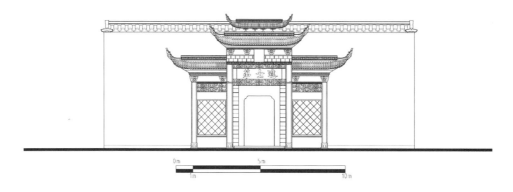

| 进士第正立面图

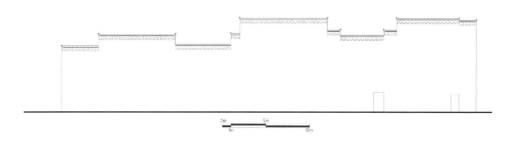

| 进士第东立面图

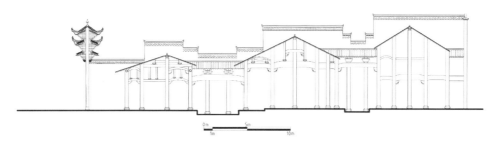

| 进士第 A-A 剖面图

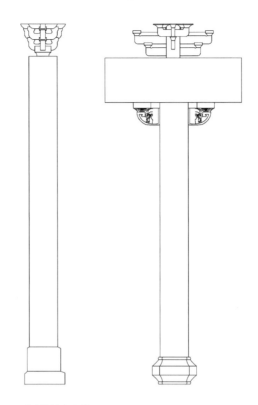

| 进士第柱身大样图

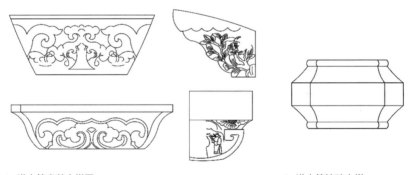

| 进士第雀替大样图　　　　　　　　　　　　　　| 进士第柱础大样

| 进士第门楼砖雕大样图

5.3 艺术览胜

| 门楼

| 前天井

| 享堂

| 后天井

檐部构造

廊庑

细部构造

6 俞氏祠堂 - 婺源

6.1 文化渊源

俞氏祠堂位于江西省婺源县江湾镇汪口村，是俞氏家族祭祀祖先和先贤的场所。该祠堂是由俞应纶入宫后省亲回乡时捐资修建而成的，现为江西省文物保护单位。俞氏祠堂建于清朝乾隆年间，祠堂为三进院落，由山门、享堂和寝堂三部分组成。布局严谨，结构精巧，工艺精湛。祠堂呈中轴对称，坐西北朝东南，平面为长方形，建筑面阔约15.6m，进深约42.6m，占地面积665m^2。

俞氏祠堂以细腻的雕刻工艺而闻名于世，梁枋、斗栱、驼峰等处均雕刻细腻，有多种雕刻手法如浅雕、深雕、圆雕等，被誉为"木雕宝库"，精湛的雕刻技术彰显了劳动人民卓越的营建技艺与智慧。

6.2 建筑测绘

仪门空间
面阔：35.38m
进深：3.54m
面积：55.93m^2
建筑高度：10.8m

前天井空间

面阔：15.8m

进深：17.82m

面积：281.56m²

享堂空间

面阔：15.8m

进深：7.65m

面积：120.84m²

后天井空间

面阔：15.8m

进深：6.87m

面积：108.55m²

寝殿空间

面阔：15.8m

进深：7.39m

面积：116.76m²

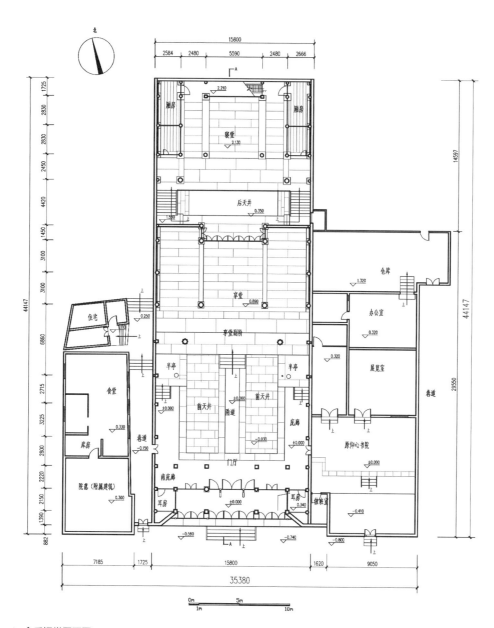

俞氏祠堂平面图

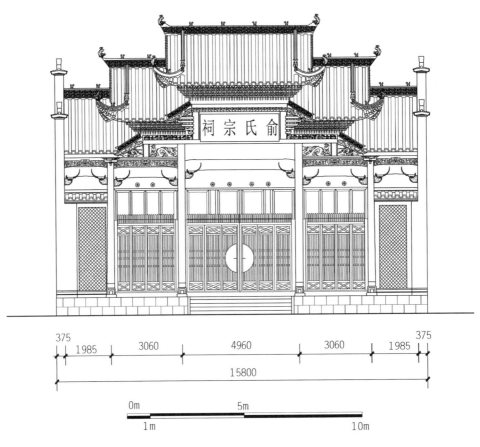

| 俞氏祠堂正立面图

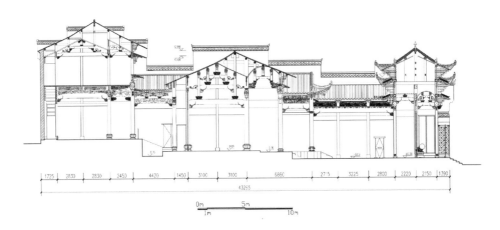

| 俞氏祠堂 A-A 剖面图

参考文献

[1] 赵华富.与客家始迁祖不同的徽州中原移民[J].安徽大学学报,2001(6):23-28.

[2] 喻琴.徽州传统民居群落文化生态环境要素的分析及发展思考[D].武汉:武汉理工大学,2002.

[3] 马步蟾.(道光)徽州府志[M].中国地方志集成.南京:江苏古籍出版社,上海书店,巴蜀书社,1998.

[4] 陆林,凌善金,焦华富,等.徽州古村落的演化过程及其机理[J].地理研究,2004(5):686-694.

[5] 王巍.徽州传统聚落的巷路研究[D].合肥:合肥工业大学,2006.

[6] 张海鹏,王廷元.徽商研究[M].合肥:安徽人民出版社,2010.

[7] 郑建新.解读徽州祠堂——徽州祠堂的历史和建筑[M].北京:当代中国出版社,2009.

[8] 梅立乔.晚清徽州文化生态研究[D].苏州:苏州大学,2013.

[9] 方利山.朱熹理学与徽州祠堂[A]//福建省闽学研究会,台湾朱子学研究协会,安徽省朱子研究会,等.朱子学与文化建设学术研讨会论文集[C].福建省闽学研究会,台湾朱子学研究协会,安徽省朱子研究会,等,2012:6.

[10] 王其亨.风水理论研究(第2版)[M].天津:天津大学出版社,2005.

[11] 姜昧茗.论影响明清徽州民居的社会文化因素及表征[D].武汉:华中师范大学,2003.

[12] 何路路,吴永发.基于Ecotect软件对徽州民居气候双重适应性分析研究[J].建筑节能,2013,41(12):72-76.

[13] 曹上秋，周国宝.中国古建筑之旅：徽州·山水村落[M].南京：江苏科学技术出版社，2013.

[14] 王薇，徐震.徽州地区明清时期古戏台规划选址及建筑类型[J].工业建筑，2015，45（7）：62-67.

[15] 王浩锋.徽州传统村落的空间规划——公共建筑的聚集现象[J].建筑学报，2008（4）：81-84.

[16] 刘雅萍.宋代祠堂的经营管理[J].经济研究导刊，2009（6）：132-133.

[17] 蔡丽.祭祀行为下的宗祠空间研究——以徽州地区为例[D].昆明：昆明理工大学，2018.

[18] 张雪庭.徽州传统建筑木柱加固修缮设计方法研究[D].合肥：安徽建筑大学，2016.

[19] 郭帅.徽派建筑材料表达[D].广州：华南理工大学，2013.

[20] 乔宽宽.徽州传统民居营造技艺现状研究[D].北京：中国艺术研究院，2011.

[21] 王宜川，马莲菁.徽州舒光裕祠堂门楼额枋砖雕通景图的绘画图式解读[J].装饰，2016（11）：92-94.

[22] 彭善文.徽州传统民居木作门窗研究[D].合肥：安徽建筑大学，2019.

[23] 单德启.安徽民居[M].北京：中国建筑工业出版社，2009.

[24] 陈晓扬，仲德崑.冷巷的被动降温原理及其启示[J].新建筑，2011（3）：88-91.

[25] 倪琪，王玉.中国徽州地区传统村落空间结构的演变[M].北京：中国建筑工业出版社，2015.

[26] 焦梦婕.乡土建筑遗产保护视域下安徽碧山村"祠堂群"研究[D].西安：西安建筑科技大学，2018.

[27] 龚恺.棠樾——徽州古建筑丛书[M].南京：东南大学出版社，1993.

[28] 邱芃,汪珍珍.皖南民居中传统生态节能理念[C]//中国建筑学会建筑史学分会,清华大学建筑学院,东南大学建筑学院,等.宁波保国寺大殿建成1000周年学术研讨会暨中国建筑史学分会2013年会论文集[C].中国建筑学会建筑史学分会,清华大学建筑学院,东南大学建筑学院,等,2013:4.

[29] 刘典典,申晓辉.宏村传统民居屋檐排水方式的分析与启示[J].福建建筑,2008(6):9-12.

[30] 黄成,纪立芳.制度、空间与图像:徽州宝纶阁彩画艺术考析[J].装饰,2019(10):76-79.

[31] 陈晓华,谢晚珍.徽州传统村落祠堂空间功能更新及活化利用[J].原生态民族文化学刊,2019,11(4):92-97.

[32] 黄炜,颜宏亮.传统建筑技术的适宜性改善策略研究——以徽州地区为例[J].住宅科技,2019,39(5):39-44.

[33] 邱芃,汪珍珍.皖南民居墙体热工性能的计算分析[J].西安科技大学学报,2014,34(3):279-283.

[34] 翟光逵,翟芸.皖南传统民居生态系统初探[J].华中建筑,2003(4):95-97.

[35] 曹晓.太行山区当泉村传统石砌民居现状调查与再生设计研究[D].武汉:武汉理工大学,2018.

[36] 李文.基于原型理论的通渭县乡土民居研究[D].兰州:兰州交通大学,2016.

[37] 杨辉.徽州地区青瓦在当代建筑中的运用途径研究[D].沈阳:沈阳建筑大学,2018.

[38] 杨维菊,高青,徐斌,等.江南水乡传统临水民居低能耗技术的传承与改造[J].建筑学报,2015(2):66-69.